数据科学与大数据技术专业系列规划教材

暨南大学本科教材资助项目（重点教材）

Data Analysis and Visualization with
Excel and Python

数据分析及可视化

Excel+Python | 微课版

王斌会 / 编著

人民邮电出版社

北 京

图书在版编目（CIP）数据

数据分析及可视化：Excel+Python：微课版／王
斌会编著. -- 北京：人民邮电出版社，2022.6(2023.4重印)
数据科学与大数据技术专业系列规划教材
ISBN 978-7-115-57840-2

Ⅰ．①数… Ⅱ．①王… Ⅲ．①数据处理－教材 Ⅳ．
①TP274

中国版本图书馆CIP数据核字(2021)第226928号

内 容 提 要

　　本书将 Excel 与 Python 相结合，详细讲述数据分析及可视化的实际应用。全书共 9 章，主要内容包括数据分析及可视化概述、Python 数据分析基础、Python 数据可视化方法、数据挖掘基础及可视化、数据基本分析及可视化、数据综合评价及可视化、数据统计推断及可视化、数据模型分析及可视化、文本数据挖掘及在线数据分析，以及附录等。

　　本书可作为普通高等院校数据科学与大数据技术专业、大数据管理与应用等专业的教材，也可作为数据分析行业从业人员的参考书。

　◆　编　著　王斌会
　　　责任编辑　许金霞
　　　责任印制　王　郁　陈　犇
　◆　人民邮电出版社出版发行　　北京市丰台区成寿寺路 11 号
　　　邮编　100164　电子邮件　315@ptpress.com.cn
　　　网址　https://www.ptpress.com.cn
　　　三河市君旺印务有限公司印刷
　◆　开本：787×1092　1/16
　　　印张：14.75　　　　　　　　　　2022 年 6 月第 1 版
　　　字数：359 千字　　　　　　　2023 年 4 月河北第 2 次印刷

定价：59.80 元

读者服务热线：(010)81055256　印装质量热线：(010)81055316
反盗版热线：(010)81055315
广告经营许可证：京东市监广登字 20170147 号

随着大数据技术的快速发展，数据已成为企业、社会和国家层面重要的战略资源，尤其是企业，更是将数据作为提升企业竞争力的有力武器。例如，企业可通过分析客户与其在线产品或服务交互产生的数据，获取有价值的信息。此外，在市场影响方面，大数据也扮演着重要角色，其影响着广告、产品推销和消费者行为。越来越多的应用场景涉及数据，这些数据具有体量大、类型多等特点。随着数据量的增加，其复杂性也在不断增加，所以，数据的分析及可视化就显得尤为重要。

为何要进行数据可视化？因为我们要的不仅仅是数据，而是从数据中可以得到的"事实"。大多数人面临这样一个挑战：我们认识到数据可视化的必要性，但缺乏数据可视化方面的专业技能。部分原因可以归结于，数据可视化只是数据分析过程中的一个环节，数据分析师可能将精力放在获取数据、清洗整理数据、分析数据、建立模型上，而在最终的数据展示上却力不从心。实际上，只要掌握了可视化的技能并有效运用，我们就能更有效地发挥数据的价值。

Excel 作为常用的数据分析工具，可以完成基本的数据分析和可视化。同时，Excel 还可以作为一种开放型数据库，其数据存储的灵活性使得数据量不是特别大的情况下，数据的管理和操作很方便。读者可以将使用 Excel 进行数据分析看作是数据分析的基础。Python 作为一种新兴的编程语言，以其简单、方便和面向对象的特点，已成为数据分析的首选语言。然而，在使用 Python 进行数据分析时，数据源通常是从外部文件读入的，且数据源多为电子表格文件、数据库文件、文本文件等。基于此，本书将 Excel 与 Python 相结合，详细讲述数据分析及可视化的实际应用。全书共 9 章，其中第 1～2 章主要讲解数据分析的基础知识，重点介绍如何进行数据的收集、管理和分析，Python 编程基础及数据处理的方法；第 3 章主要介绍数据的可视化方法；第 4 章主要介绍基本的数据挖掘基础；第 5 章主要介绍数据的统计分析和聚类分析；第 6 章介绍数据综合评价的方法及可视化；第 7 章介绍基本的数据统计推断方法及可视化；第 8 章介绍数据模型分析的方法及可视化；第 9 章介绍文本数据挖掘及可视化、在线数据分析的方法等。本书具有如下特点。

1. Excel 与 Python 结合，强化实践应用

Excel 是常用的数据存储工具，Python 是数据分析的利器。将 Excel 与 Python 相结合，可以以高效且轻松的方式快速解决数据分析问题。每一章均给出了对应的思维导图及相应的 Excel 和 Python 的数据分析实例，旨在提高读者的数据分析能力。

1

2．采用 Jupyter 网络化平台，在线教学与实践

本书采用当前流行的 Python 数据分析平台，即 Python 科学计算发行版 Anaconda 的 Jupyter 平台，该版本可从 Anaconda 官网下载、安装并直接使用，便于教师进行数据分析及可视化教学使用，也便于读者进行数据分析实践操作。

3．零基础入门数据分析，微课和云计算平台同步指导

本书主要面向应用 Python 进行 Excel 数据分析及可视化的读者，能够有效地帮助读者提高数据分析及可视化的水平，提高工作效率。编者对本书的重点和难点均录制了微课视频，读者扫描二维码即可观看。

4．教学资源丰富，在线资源共享

编者共享了自编函数的源代码，便于读者深入理解 Python 函数的编程技巧，并用这些函数建立自己的开发包，提供了配套的教学课件 PPT、教学大纲，以及数据、源代码、习题答案等，还建立了学习网站，便于读者拓展编程技能，提高数据分析能力。读者可登录人邮教育社区（www.ryjiaoyu.com）下载相关资源。

本书在写作过程中得到暨南大学管理学院及企业管理系的支持和鼓励，在此深表感谢！由于作者知识和水平有限，书中难免有不足之处，欢迎读者批评指正！

王斌会
2022 年 2 月于广州暨南园

第 1 章　数据分析及可视化概述

数据分析是指用适当的数学和统计方法对收集的大量数据进行分析，将它们加以汇总和整理等，以求最大化地挖掘数据的价值，并发挥数据的作用。数据可视化是数据分析的重要体现，对数据进行分析通常都离不开数据的可视化，特别是对杂乱无章的大量数据进行分析。

数据分析及可视化概述

能进行数据分析与可视化的工具有很多，如电子表格软件、SAS、SPSS、R、Python、Stata、MATLAB、EViews 等，本章会对这些工具进行简单介绍。

1.1　数据分析概述

为了在海量数据中提取有用信息并形成结论，我们往往需要对数据进行详细研究和概括总结。在开始该数据分析过程前，本节将先对传统的数据分析、大数据分析及其可视化工具进行概括性介绍。

1.1.1　传统的数据分析

1. 数据分析基础

数据分析的数学基础在 20 世纪早期就已确立，但直到计算机的出现才使得其实际操作成为可能，并使得数据分析得以推广。数据分析是数学、统计学与计算机科学结合的产物。

数据分析的目的是把隐藏在一大批看起来杂乱无章数据中的信息集中和提炼出来，从而找出所研究对象的内在规律。在实际应用中，数据分析可辅助人们做出判断，以便采取适当的行动。例如，产品生命周期包括从市场调研到售后服务和最终处置的各个环节，这些环节都需要适当运用数据分析，以提升决策有效性。再例如，设计人员在一个新的设计项目开始前，要通过广泛的设计调查、分析所得数据以确定设计方向，因此数据分析在工业设计中也具有重要的地位。

传统数据分析根据需求所收集到的数据，通常以 Excel 等电子表格数据或 SQL 结构化数据的形式保存。应用传统的数据分析进行分析并形成报表的基本思路如图 1-1 所示。

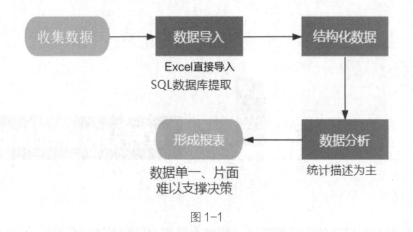

图 1-1

2．传统数据分析基本步骤

传统数据分析的基本步骤如下。

第 1 步：问题的提出。

第 2 步：收集数据，即把要研究的问题量化。

第 3 步：整理数据，对数据进行探索性分析及可视化。

第 4 步：分析数据，如统计推断及模型建立与检验及可视化。

第 5 步：解释数据，根据数据分析结果进行决策。

图 1-2 所示为传统数据分析的基本过程。

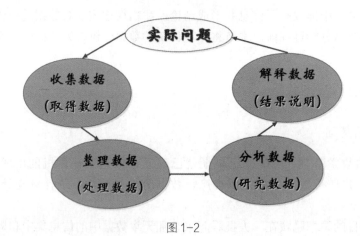

图 1-2

1.1.2　大数据分析基础

人类从农耕社会进入工业社会用了数千多年，从工业社会进入信息社会用了数百多年，而人类从信息社会进入数据时代仅仅用了 10 多年。互联网、物联网、云计算的广泛应用产生了大量的数据。而对于这些数据的挖掘和应用，人们迫切需要掌握数据的分析技术。人类正在全面进入大数据时代。

较早提出大数据时代到来的是麦肯锡公司："数据，已经渗透到当今每一个行业和业务职能领域，成为重要的生产因素。人们对于海量数据的挖掘和运用，预示着新一波生产率增长和消费者盈余浪潮的到来。"

1．大数据的含义

业界将大数据的特征归纳为 4 个 "V"，即 Volume（体量大）、Velocity（速度快）、Variety（类型多）、Value（价值高），或者说其特征涉及 4 个层面：第一，数据体量巨大，大数据的起始计量单位至少是 PB（1PB=1024TB=1024×1024GB=1024×1024×1024MB=1024×1024×1024×1024KB）；第二，数据收集频率高，维度大，处理速度快；第三，数据类型繁多，比如网络日志、视频、图片、地理位置信息等；第四，价值密度低，商业价值高，须进行数据挖掘。针对这些数据的分析方法与传统的数据分析方法有着较大的不同。

大数据的广泛应用也催生了一批新的就业岗位，如数据分析师、数据科学家等。具有丰富经验的数据分析人才成为稀缺资源，数据驱动型工作的机会将呈现爆发式的增长。

2．大数据分析方法

越来越多的应用会涉及大数据，这些大数据的数量、处理速度、多样性等属性都体现了大数据不断增长的复杂性趋势，所以对大数据的分析在大数据领域就显得尤为重要，可以说是最终信息价值的决定性因素。图 1-3 所示为在传统数据分析基础上给出的大数据分析的基本思路。

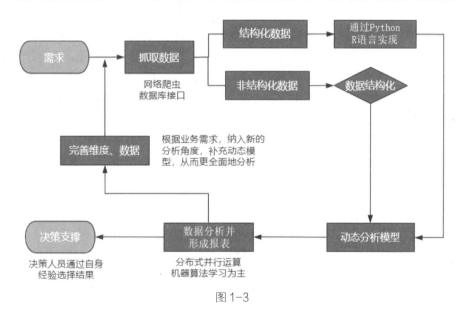

图 1-3

大数据分析方法主要有：数据分析、数据统计、数据挖掘、文本挖掘、统计模型、机器学习、深度学习等。广义的大数据分析分为数据分析、数据统计、数据挖掘 3 个方向。下面对常用的几种大数据分析方法进行介绍。

（1）数据分析

数据分析主要是面向结论的。其通常是指人依赖自身的分析经验和对数据的敏感度（人智活动），对收集的数据进行处理与分析，按照明确目标或维度进行分析（目标导向），提取有价值的信息并形成结论。比如利用对比分析、分组分析、交叉分析等方法，完成现状分析、原因分析、预测分析，提取有用信息并形成结论。

（2）数据统计

数据统计同样是面向结论的，只不过是把模糊估计的结论定量使其更加精确。比如，得出具体的总和、平均值、比例的统计值。

（3）数据挖掘

数据挖掘主要是面向决策的。其通常是指从海量（巨量）的数据中，挖掘出未知的且有价值的信息或知识（探索性），从而更好地发挥或利用数据的潜在价值。比如利用规则、决策树、聚类、神经网络等概率论、统计学、人工智能等方面的方法，得出规则或模型，进而利用规则或模型获取相似度、预测值等数据来实现海量数据的分类、聚类、关联和预测，以提供决策依据。

（4）机器学习

机器学习较传统数据挖掘而言，主要针对的是相对少量、高质量的样本数据。机器学习的发展、应用使得数据挖掘可以面向海量、不完整、有噪声、模糊的数据。

机器学习是一门专门研究计算机怎样模拟或实现人类的学习行为，以及如何能够赋予计算机学习的能力，让计算机实现通过编程无法实现的功能，以获取新的知识或技能，并使计算机能重新组织已有的知识结构从而不断改善自身的性能的学科。但机器学习不会让计算机产生"意识"和"思考"，它属于概率论与统计学的范畴，是实现人工智能的途径之一。

（5）深度学习

深度学习是机器学习的一个子领域，它是受到大脑神经网络的结构和功能的启发而被创造的算法，能被用于从大数据中自动学习特征，以解决任何需要思考的问题。从统计学上来讲，深度学习就是在预测数据，从数据中学习产出一个模型，再通过模型去预测新的数据。需要注意的是，训练数据要遵循预测数据的数据特征分布。深度学习也是实现人工智能的途径之一。

实际中的大数据分析通常是上述方法的综合应用。进行大数据分析通常需要掌握大数据数学基础、数据库应用技术、网络爬虫技术、大数据处理技术和数据可视化等知识。进行大数据分析的流程包括数据采集、数据存储、数据预处理、数据挖掘与分析及数据可视化等，大数据分析的流程及应用技术如图1-4所示。

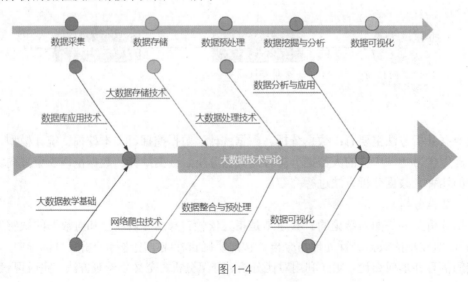

图1-4

1.1.3　数据分析可视化工具

1. 常用数据分析工具简介

能用作数据分析和可视化的工具较多，如 Excel、WPS 表格、SAS、SPSS、R、Python、Stata、MATLAB、EViews 等，这里简单介绍一下这些工具，同时会强调 Python 在数据分析和可视化中的应用。

（1）电子表格类

① Excel

微软公司（以下简称微软）的电子表格软件 Excel 不仅是数据管理软件，也是数据分析的入门工具。虽然其统计分析功能并不是十分强大，但是它可以快速地完成一些基本的数据分析工作，也可创建供大多数人使用的数据图表。

使用 Excel 自带的数据分析模块可以完成很多专业软件才能实现的数据统计、分析功能，其中涉及直方图、相关系数、协方差、各种概率分布、抽样与动态模拟、总体均值判断、线性/非线性回归、多元回归、移动平均等内容。

② WPS 表格

WPS Office 是由北京金山办公软件股份有限公司（以下简称金山）自主研发的一款办公软件套装，可以实现办公软件最常用的文字、表格、演示等多种功能。其具有内存占用少、运行速度快、体积小、强大的插件平台支持、免费提供海量在线存储空间及文档模板等优点。

WPS Office 的表格与微软的 Excel 的兼容性较好，并有基本一致的操作界面，符合国人的使用习惯，WPS 表格的缺点是其免费版不包含 Excel 的数据分析模块。

（2）统计分析类

① SAS

SAS（Statistics Analysis Systems）是使用极广泛的三大统计分析软件（SAS、SPSS 和 SPlus）之一，被誉为统计分析的标准软件。SAS 是功能非常强大的统计软件，有完善的数据管理和统计分析功能，几乎是熟悉统计学并擅长编程的专业人士的首选软件。

② SPSS

SPSS（Statistical Package for the Social Sciences）也是世界上著名的统计分析软件之一。SPSS 的中文名为社会科学统计软件包，这是为了强调其社会科学应用的一面，而实际上它在社会科学和自然科学的各个领域都能发挥巨大作用。与 SAS 相比，SPSS 是非统计学专业的用户的首选软件。

③ Stata

Stata 是一套完整的、集成的统计分析和时间序列分析软件包，可以满足数据分析、数据管理和图形绘制的需要。Stata12 以后版均提供了结构方程模型（Structural Equation Model，SEM）、分整自回归移动平均（Auto Regressive Fractionally Integrated Moving Average，ARFIMA）、Contrasts、受试者工作特征（Receiver Operating Characteristic，ROC）分析、自动内存管理等功能。Stata 适用于操作系统为 Windows、macOS 和 UNIX、Linux 的计算机。Stata 的数据集、程序和其他的数据能够跨平台共享，且不需要转换，同样，它也可以快速而方便地从其他统计软件包、电子表单和数据库中导入数据集。

④ EViews

EViews 是美国 QMS 公司于 1981 年发行的第 1 版 Micro TSP 的 Windows 版本计量经济学软件，它通常被称为计量经济学软件包，是当今最流行的计量经济学软件之一。它可应用于科学计算中的数据分析与评估、财务分析、宏观经济分析与预测、模拟、销售预测和成本分析等。由于 EViews 提供了一个很好的工作环境，用户能够迅速地在其中进行编程、估计、使用新的工具和技术，所以它在计量经济建模方面有着广泛的应用。

（3）编程分析类

① MATLAB

MATLAB 是美国 MathWorks 公司出品的商业数学软件，是用于算法开发、数据可视化、数据分析及数值计算的高级技术计算语言和交互式环境，主要包括 MATLAB 和 Simulink 两大部分。它在数值计算和模拟分析方面首屈一指，主要应用于工程计算、控制设计、信号处理与通信、图像处理、信号检测、金融建模设计与分析等领域。

② R

从纯数据分析的角度来说，应用较好的当属 S 语言的免费开源及跨平台系统 R。R 是一个用于统计计算得很成熟的免费软件，也可以把它理解为一种统计计算语言，R 语言是一种为统计计算和图形显示而设计的语言，是美国贝尔实验室开发的 S 语言的一种实现，提供了一系列数据操作、统计计算和图形显示工具。其特色如下。

- 拥有有效的数据处理和保存机制。
- 拥有一整套数组和矩阵的运算符。
- 拥有一系列连贯而又完整的数据分析中间工具。
- 其图形统计功能可以对数据直接进行分析和显示。
- R 语言是一种相当完善、简洁和高效的程序设计语言。
- R 语言是彻底的面向对象的统计编程语言。
- R 语言和其他编程语言、数据库之间有很好的接口。
- R 是免费、开源和跨平台软件。
- 具有丰富的网上资源，提供了非常强大的程序包。

大多数经典的统计方法和新的技术都可以在其中直接使用。

③ Python

不过，R 语言对于初学编程的人来说是有一定难度的，因为它还不是真正意义上的编程语言，所以现在流行"人生苦短，我用 Python"，说明 Python 作为一种新兴的编程语言，已深入人心。现在我国许多地区一些中小学也开始开设 Python 编程课程了。另外，随着 Python 博采众长，不断吸收其他数据分析软件的优点，逐渐加入了大量的数据分析功能，Python 成了人工智能方面的入门语言。从某种程度上来说，它已成为仅次于 Java、C 及 C++的第四大语言，且在数据分析领域有超过 R 语言的趋势，所以本书采用 Python 作为分析工具进行讲解。数据分析只是 Python 的主要功能之一，Python 还可应用于以下领域。

- Linux 运营维护。
- Web 网站工程。
- 自动化测试。
- 人工智能。

综上所述，出于数据管理的方便，适用于一般的数据分析的数据管理软件应该是电子表格类软件（如微软的 Excel、金山的 WPS 表格等），数据可以在一个工作簿中保存。对于规模不是非常大的数据集，可采用电子表格类软件来管理和编辑数据。统计分析类软件也是进行数据分析不可或缺的工具。随着知识产权保护要求的不断提高，免费和开放源代码逐渐成为一种趋势，Python 正是在这样的背景下发展起来的，并逐渐成为高效完成数据分析的软件。考虑到微软的 Excel 是付费产品，而 WPS 表格提供官方免费正版软件，笔者认为，通常的数据处理和分析用"WPS 表格+Python"足矣！

2．数据分析及可视化工具选择

数据可视化，是关于数据视觉表现形式的科学技术。其中，数据的视觉表现形式被定义为，一种表现提取出来的信息，包括相应信息单位的各种属性和变量的概要形式。

数据可视化技术的基本思想是，将数据库中每一个数据项作为单个图元元素表示，大量的数据集构成数据图像，同时将数据的各个属性值以多维数据的形式表示。这样可以从不同的维度观察数据，从而对数据进行更深入的观察和分析。

目前用于数据可视化的工具特别多，具体如下。

（1）可视化图表分析工具

① ECharts

ECharts 是一个"纯 JavaScript"的数据可视化库，常应用于软件产品开发或网页的统计图表模块。其可在 Web 端定制可视化图表，图表种类多，动态可视化效果好，各类图表等都完全免费开源。其还能处理大量数据和实现 3D 绘图，结合百度地图使用的效果很出色。

② Highcharts

说到ECharts，通常会将其与Highcharts进行对比，两者有点像金山的WPS和微软的Office的关系，实现日常图表动态效果使用 ECharts 完全够了。

Highcharts 同样是数据可视化库，商用的话需要付费。其优势是文档详细，实例也很详细。

③ AntV

AntV是蚂蚁科技集团股份有限公司出品的一套数据可视化图表库，采用了"The Grammar Of Graphics（图形的语法规则）"这套理论。AntV 带有一系列的数据处理应用程序接口（Application Program Interface，API），能对简单数据进行归类、分析，被很多大公司当作自己商务智能（Business Intelligence，BI）平台的底层工具。

（2）商务智能分析工具

① Tableau

Tableau 几乎是数据分析师们都知道的工具，内置了常用的分析图表和一些数据分析模型，可以用于快速地进行探索式数据分析，以及制作数据分析报告。

因为是商务智能分析工具，所以 Tableau 解决的问题更偏向商业方面，用 Tableau 可以快速地做出动态交互图，并且其图表和配色也非常"拿得出手"。

② FineBI

FineBI 是自助式 BI 工具，也是一款成熟的数据分析产品。其内置了丰富的图表，不需要代码调用，可直接拖曳生成图表。其还可用于业务数据的快速分析、制作仪表盘（dashboard），也可用于构建可视化大屏。

有别于 Tableau 的是，FineBI 更倾向于企业应用，从内置的抽取、转换、装载（Extract Transformation Load，ETL）功能以及数据处理方式上可以看出，它侧重于业务数据的快速分析以及可视化展现。它可与大数据平台、各类多维数据库结合，所以在企业级 BI 上应用广泛，个人可免费使用。

③ Power BI

Power BI 是微软继 Excel 之后推出的 BI 产品，可以和 Excel "无缝连接"，创建个性化的数据看板。从方便的角度来说，其应用前景不亚于 Tableau 和 FineBI。

（3）编程分析语言

用于数据分析和挖掘的编程语言有很多，目前适合技术性数据分析师、数据科学家的主要是 R 和 Python。前文已介绍，这里不赘述。

通过前文的分析，作为一个数据分析师，笔者认为可按下面的思路来选择数据分析工具。

① 日常使用

如果仅仅需要完成一般的数据分析和可视化，数据量不是特别大，而且要求系统免费、开源、跨平台，那么首选的数据分析和可视化的组合应该是 "WPS 表格+Python"。

如果要处理的数据量不大，使用的是 Windows 操作系统的话，考虑到微软 Office 的流行程度，也可用 "Excel+Python" 进行数据分析和可视化，但 Excel 是收费产品。

② 专业使用

如果要处理的数据量是百万或千万级条的，那么一般要使用专门的数据库软件进行数据分析，即 "专业数据库+Python"，如 SQL Server、Oracle、MySQL 和 Python 结合使用，限于篇幅，本书不介绍。

综上所述，常规的数据分析师，特别是高校的老师和学生进行教学和科研，选用 "WPS 表格+Python" 就可以了。如果你的计算机已经装有微软的 Office，那么 "Excel+Python" 将是较好的组合。由于 Excel 已成为电子表格类软件的 "事实标准"，所以后文将不区分电子表格和 Excel。

1.2 数据的收集与管理

数据也称为观测值，是观察、调查、实验、测量等的结果。数据分析中所处理的数据可分为定性数据和定量数据。

数据是采用某种计量尺度对事物进行计量的结果。采用不同的计量尺度会得到不同类型的数据。

1.2.1 数据分析集的构成

1. 数据分析指标的分类

按数据的度量尺度，数据对应的指标可分为定性指标和定量指标。

（1）定性指标：用于度量事物进行分类的结果。只能归入某一类而不能用数值进行测度的数据称为定性数据（也称计数数据）。定性指标常用文字来表述，如地区、年份、性别、区域、产品分类等。定性数据分为分类数据和顺序数据，如某班学生性别的类别就是定性数据，那么性别就是定性指标。如学历的层次、商品的质量等级等就是顺序数据。

地区：广州,深圳,珠海,佛山,惠州,东莞,中山,江门,肇庆。

年份：2000,2001,2002,2003,2004, 2005, …, 2015,2016, 2017, 2018。

（2）定量指标（也称计量数据）：用于度量事物的精确程度。定量指标表现为具体的数值，如国内生产总值（Gross Domestic Product，GDP）、从业人员数量、人均国内生产总值（人均GDP）、身高、体重、家庭收入、成绩等。假如要测量某班每个学生的体重，那么体重就是定量指标。下面是 2015 年广州、深圳、珠海、佛山、惠州、东莞、中山、江门、肇庆的人均GDP 和消费总额数据。

人均 GDP：2.58,3.33,2.81,2.02,1.39,1.36,1.51,1.28,0.74。

消费总额：20.88,30.61,30.62,34.62,45.04,41.58,62.1,61.37,47.36。

2．数据分析指标体系的构建原则

指标体系通常由一个或多个指标组成。在现实生活中，对一些事物的分析和评价常常涉及多个指标。评价是指在多个指标相互作用下的一种综合判断。在多个变量的分析中，指标体系的构建是非常重要的问题，是综合评价能否准确反映全面情况的前提。构建多变量指标体系应遵循以下几项原则。

（1）系统全面性原则。例如，在关于经济社会发展水平的评价中，综合评价指标体系必须要能较全面地反映经济社会发展的综合水平，指标体系应包括经济水平、科技进步、社会发展等各个主要方面的内容。

（2）稳定可比性原则。评价指标体系中选用的指标既要有稳定的数据来源，又要适合实际状况，评价指标体系的统计口径（包括指标的时长、单位、含义）必须一致、可比，才能保证评估结果的真实、客观和合理。

（3）简明科学性原则。在系统全面性原则的基础上，尽量选择具有代表性的综合指标，要避免选择含义相近的指标。评价指标体系中指标的数量须适宜，评价指标体系的设置应具有一定的科学性，既简明又科学。

（4）灵活可操作性原则。评价指标体系在实际应用中应具有一定的灵活性，以便各地区不同发展水平、不同层次评价对象的操作使用。各个指标的数据来源渠道要畅通，要具有较强的操作性。

3．数据集的构成

（1）指标体系的构建

本书收集了 6 个反映区域经济发展的定量指标构成的指标体系，加上 2 个用于反映时间和地区的定性指标，共有 8 个指标，如表 1-1 所示（限于篇幅和为了讲课方便，这里对指标体系进行了简化，呈现得简单，读者可根据相关研究自行扩充与完善）。

表 1-1 区域经济发展指标体系

序号	指标名称	指标说明	指标单位	指标性质	数据类型
1	年份	2000—2019 年共 20 年	年	定性	整数型
2	地区	广东省 21 个地区	市及地区	定性	字符型
3	GDP	国内生产总值	亿元	定量	实数型
4	人均 GDP	人均国内生产总值	万元	定量	实数型
5	从业人员	当年从业人员	万人	定量	实数型
6	进出口额	进出口贸易总额	亿美元	定量	实数型
7	消费总额	消费总体水平	千元/年	定量	实数型
8	RD 经费	全社会研究与试验发展经费	亿元	定量	实数型

注：广东省 21 个地区分别为广州、深圳、佛山、东莞、惠州、中山、茂名、湛江、珠海、江门、汕头、肇庆、揭阳、清远、阳江、韶关、梅州、潮州、河源、汕尾、云浮。

（2）数据集的组成形式

在进行数据分析时，我们通常会按数据的不同分析方法将数据集数据分成如下几种形式。

① 横向数据（也称横截面数据）：如由广东省某年 21 个地区 8 个指标构成的数据集。

② 纵向数据（也称时间序列数据）：如由广东省 2000—2019 年共 20 年 8 个指标构成的数据集。

③ 面板数据（横向和纵向数据组合）：如由广东省某几个地区和某几年 8 个指标构成的数据集。

1.2.2 数据的收集与保存

1. 数据的收集范围

本书涉及的数据收集范围是广东省 21 个地区（广州、深圳、珠海、佛山、惠州、东莞、中山、江门、肇庆……），时间为 2000—2019 年共 20 年。由于数据具有一定的时滞性，故选择 2000 年作为研究的起点。这里的数据主要从 2000—2019 年历年的《广东统计年鉴》和广东省各级统计网站等获取。

2. 数据的构成形式

当对每一观察单位测量了多个指标后，通常将其以双向表的矩阵形式进行展现，如下：

$$X: X_1, X_2, \cdots, X_m$$

这里 X_j（$j=1, 2, \cdots, m$）为 $n \times 1$ 的向量，$X=(x_{ij})_{n \times m}$（$i=1, 2, \cdots, n$；$j=1, 2, \cdots, m$），结构化数据的收集格式如表 1-2 所示。

表 1-2 结构化数据的收集格式

序号	X_1	X_2	$\cdots$	X_m
1	X_{11}	X_{12}	$\cdots$	X_{1m}
2	X_{21}	X_{22}	$\cdots$	x_{2m}

续表

序号	X_1	X_2	$\cdots$	X_m
$\vdots$	$\vdots$	$\vdots$	$\vdots$	$\vdots$
n	x_{n1}	x_{n2}	$\cdots$	x_{nm}

不同领域对该数据的观察单位和指标的叫法不同：数学上称它们为行（row）和列（column）的数组或矩阵；统计学上称它们为观测（observation）和变量（variable）的数据集；数据库中称它们为记录（record）和字段（field）的数据表，人工智能中称它们为示例（example）和属性（attribute）的数据集。

这类结构化数据在 Excel 中被称为工作表（Sheet），在 Python 和 R 语言中被称为数据框（DataFrame）。许多数据分析都是基于该数据类型的，本书介绍的数据分析都是基于数据框展开的。

3. 数据的存储方式

传统的数据通常以关系数据库（包含许多数据表或数据框）的形式保存，本书介绍的数据则是以开放式电子表格（如 Excel 或 WPS 表格）的形式保存的，其比关系数据库操作起来更容易，能方便实验者收集、保存和管理数据。

数据管理是指利用计算机硬件和软件技术对数据进行有效的收集、存储、处理和应用的过程。

【Excel 的基本操作】

图 1-5 所示为采用 Excel 对前文介绍的数据进行管理的管理界面，其中的数据保存在 DAV_data.xlsx 文档中。

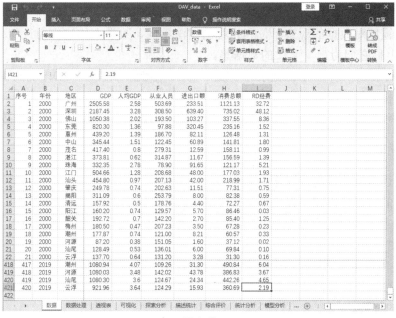

图 1-5

需要说明的是，Python 目前较大的问题是数据管理，因为 Python 没有好用的数据管理器，其自带的数据管理器使用起来很不方便，所以我们认为，要用好 Python 软件，就得将 Python 与 Excel 充分结合，发挥两者的优点，这样就可以事半功倍。这也是本书提出用"Excel+Python"模式进行数据统计分析的原因。

当分析数据的量很大时，采用电子表格类软件会有问题，须采用数据库来管理数据表格，详见相关文献，限于篇幅，本书不介绍。

上述数据都是一些结构化数据，但随着大数据时代的来临，出现了大量的非结构化数据，这些数据不仅包括由数字构成的数据库，还包括大量的文字、图像和视频数据等，关于这类数据的分析，限于篇幅，本书不介绍。

练习题 1

一、选择题

1. 下面哪些软件能做数据分析_____。
   A. R   B. SAS   C. SPSS   D. Python
2. Python 能成为流行数据分析软件的特点是_____。
   A. 简单、易学   B. 面向对象   C. 包含大量的库   D. 具有二次开发功能
3. 数据按度量尺度可分为_____。
   A. 定性数据   B. 定量数据   C. 动态数列   D. 面板数据
4. 下列指标为定性指标的是_____。
   A. 性别   B. 区域   C. 体重   D. 身高
5. 下列指标为定量指标的是_____。
   A. 性别   B. 体重   C. 成绩   D. 产品分类
6. 不同领域对数据的观察单位和指标的叫法不同，数学上称它们为行和列的数组或矩阵，统计学上称它们为_____的数据集。
   A. 行和列   B. 记录和字段   C. 示例和属性   D. 观测和变量
7. 数据按时间状况可分为____。
   A. 定性数据   B. 定量数据   C. 动态数列   D. 截面数据

二、论述题

1. 试阐述数据分析与可视化的未来。
2. 常见的数据分析和可视化工具有哪些？请举例说明。
3. 除了书中列出的数据分析与可视化工具外，试再列举几种工具，说明各自的使用范围及优缺点。
4. 试对 Python 和 Excel 两个数据分析与可视化工具进行评价。
5. 进行数据分析为何要用 Python 语言？请指出 Python 语言的优劣势，并说明如何发挥 Python 语言的优势。

第 2 章　Python 数据分析基础

在大数据时代中，Python 在数据分析与可视化方面有着独特的优势，而且 Python 作为一种"胶水语言"能够在开发中与其他语言一起使用，以达到快速开发的目的。

学习本章，不论是对数据分析流程本身还是对 Python 语言，初学者都能有一个十分直观的感受，为以后的深入学习打下基础。

本章重点介绍如何应用 Python 数据分析平台进行数据分析，只对 Python 的编程技术简单介绍。关于 Python 语言的详细编程运算，读者可参见相关文献；限于篇幅，本书只介绍一些与数据分析与可视化相关的 Python 编程知识。

2.1　Python 数据处理基础

这里主要介绍应用 Python 来完成一些数据分析和数据处理的基础工作，即如何使用 Python 来完成工作，而非专注于 Python 语言的语法等原理的讲解。

Python 数据处理基础

2.1.1　Python 的编程环境

1. Python 基础编程环境

Python 是一门强大的面向对象编程语言。Python 的编程环境使得使用者不仅需要熟悉各种命令的操作，还须熟悉命令行编程环境，此外所有命令运行完即进入新的界面，这给那些不具备编程经验或对统计方法掌握得不是很好的使用者造成了极大的困难。如果我们从图 2-1 所示的 Python 官网下载了 Python 最新版（截至 2021 年 7 月），那么安装后得到的只是一个包括基本库的、基本的语言环境。

图 2-1

2．Anaconda 数据分析包

本书是基于 Python 的数据分析发行版 Anaconda 的 Jupyter 平台进行介绍的。

（1）Anaconda 的下载与安装

Anaconda 是一个供数据科学家、IT 专家、商业领袖和教师等使用的数据科学平台，是 Python、R 等的开源发行版。针对数据科学，它有超过 300 个数据分析包，因此它迅速攀升为最好的数据科学平台之一。它能够应用于数据科学、机器学习、深度学习等领域。对于大多数程序员而言，Anaconda 都是数据科学研究的"上选"。

Anaconda 能够帮助我们简化软件包的管理和部署，它还匹配了多种工具，可以使用各种机器学习和人工智能算法轻松地从不同的来源收集数据。Anaconda 还可以使用户获得易于管理的设置环境——用户只需单击按钮就可以部署任何项目。

请在 Anaconda 官网上下载 Windows 版 Anaconda 的 Python 3.6 或 Python 3.8 版本，如图 2-2 所示，按常规方法安装。

图 2-2

（2）Anaconda 菜单

安装好 Anaconda 后，在 Windows 操作系统的菜单中会出现图 2-3 所示的菜单，其中包含一些常用的数据分析平台，如用于系统导航的 Anaconda Navigator、运行和安装 Anaconda 包的命令行 Anaconda Prompt、进行数据分析教学的 Jupyter Notebook、用于数据分析编程的 Spyder 设置与数据分析研发平台。读者可以选择其中的一个程序来使用 Python。

3．Jupyter 项目

我们强烈建议使用 Anaconda 发行版安装 Python 和 Jupyter，Anaconda 发行版下载的软件包括 Python、Jupyter Notebook、JupyterLab 以及用于科学计算和数据科学研究的其他常用软件包。

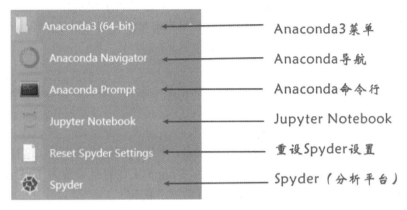

图 2-3

Anaconda 已包含 Jupyter Notebook 和 JupyterLab。由于 Jupyter 具有网页功能，所以直接打开不易确定当前目录。有以下几种在当前目录中打开 Jupyter 的方法。

① 单击 Anaconda 菜单中的"Jupyter Notebook"或在 Anaconda Prompt 命令行中运行以下命令：

```
> jupyter notebook
```

② 运行下面的命令可直接在 D:\DAV 目录中打开 Jupyter Notebook：

```
> jupyter notebook --notebook-dir=D:\DAV
```

③ 也可以在命令行上运行以下命令：

```
> d:
> cd d:\DAV
> d:\dav > jupyter notebook
```

这些方法同样适用于 JupyterLab（Jupyter Notebook 的第二代产品，但 JupyterLab 对应的启动命令不在菜单里，需在命令行中启动），JupyterLab 比 Jupyter Notebook 有更好的操作界面，但功能还在不断完善中。

（1）Jupyter 的快捷键

编辑模式，允许往单元中输入代码或文本；这时的单元框线是绿色的。

命令模式，通过键盘输入运行程序的命令；这时的单元框线是灰色的。

Shift+Enter：运行本单元，选中下一个单元。

Ctrl+Enter：运行本单元。

Alt+Enter：运行本单元，在其下插入新单元。

Y：将单元转入代码状态。

M：将单元转入"markdown 状态"。

A：在上方插入新单元。

B：在下方插入新单元。

X：剪切选中的单元。

Shift +V：在上方粘贴单元。

（2）Jupyter 的魔术关键字

魔术关键字（magic keywords），正如其名，是用于控制 Notebook 的特殊命令。它们运行在代码单元中，以%或%%开头，前者表示控制一行，后者表示控制整个单元。比如，要得到代码运行的时间，则可以使用 %timeit；如要获得当前目录，则可以使用%pwd；如要改变当前目录，则可以使用%cd "D:\\DAV"，具体操作见 2.1.2 小节。

2.1.2 Python 的编程基础

1．Python 的工作目录

使用 Python 时的一个重要设置是定义工作目录，即设置当前工作目录（这样全部数据和程序都可在该目录下工作）。例如，可以将自己的 Python 工作目录设置为 D:\DAV（先在 D 盘上建立目录 DAV，然后在该目录下编程和进行数据分析）。

（1）获得当前工作目录

In	%pwd
Out	' C:\\Users\\Lenovo'

（2）改变工作目录

In	%cd "D:\\DAV"
Out	"D:\DAV"

2．Python 基本数据类型

在内存中存储的数据可以有多种类型。例如，一个人的年龄可以用数值型数据来存储，名字可以用字符型数据来存储。Python 定义了一些基本数据类型，用于存储各种类型的数据。

Python 的基本数据类型包括数值型、布尔型、字符型等，也可能是列表、元组和字典等类型。

（1）数值型

数值型数据的形式是实型，可以写成整数（如 n=3）、小数（如 x=1.46）、科学记数（y=1e9）的形式，该类型的数据默认是双精度数据。

Python 支持多种数值类型，常见的有：int（整数型）、float（实数型）、complex（复数型）等。但有别于其他编程语言，Python 中，在使用数值前不需要定义它们的类型，直接输入数值，系统会自动识别其类型。

在 Python 中用#表示注释，即其后的语句或命令将不运行。

In	n=10　　　　#整数 n　　　　　#相当于 print(n)
Out	10
In	x=10.2345　　　　　　#实数 x　　　　　　　　　#无格式输出
Out	10.2345

In	x=10.2345 print("x=%6.3f"%x)　　　#有格式输出
Out	x=　10.2340
In	round(x,1)　　　#保留一位小数
Out	10.2

（2）逻辑型

逻辑型数据的值只能为 True 或 False。可以通过比较获得逻辑型数据，如下所示。

In	A=True;A
Out	True
In	10<9
Out	False

（3）字符型

字符型数据的形式为字符串被一对双引号" "或一对单引号' '标识，如'MR'。注意：一定要用英文引号，不能用中文引号" "或' '。Python 语言中的字符型数据是由数字、字母、下画线组成的一串字符。一般形式为：

```
"I love Python"或'I love Python'
```

字符型是编程语言中表示文本的数据类型。

In	s='Python'; s
Out	'Python'
In	S = 'We love Python data analysis'; S
Out	'We love Python data analysis'

Python 的所有数据类型都是类，可以通过 type 函数查看变量的数据类型。

In	type(n)
Out	int
In	type(x)
Out	float

3．Python 扩展数据类型

Python 有几个扩展的自定义数据类型，这些数据类型是由上述基本数据类型构成的。

（1）列表

列表（list）是 Python 中极有用的数据类型之一。列表可以完成大多数集合类的数据结构的实现。它支持字符、数字、字符串，甚至可以包含列表（嵌套）。列表用 [] 标识，是一种通用的复合数据类型。列表是我们进行数据分析的基本类型，所以必须掌握。

In	珠三角=['广州','深圳','珠海','佛山','惠州','东莞','中山','江门','肇庆'];珠三角
Out	['广州', '深圳', '珠海', '佛山', '惠州', '东莞', '中山', '江门', '肇庆']
In	CGDP=[2.58,3.33,2.81,2.02,1.39,1.36,1.51,1.28,0.74]; CGDP　　#人均 GDP
Out	[2.58, 3.33, 2.81, 2.02, 1.39, 1.36, 1.51, 1.28, 0.74]

Python 的列表具有切片功能，列表中值的切割可以用变量[头索引:尾索引]，这样就可以截取相应的列表，从左到右索引默认从 0 开始，从右到左索引默认从 1 开始，索引可以为空，表示取到头或尾。+是列表连接运算符。

In	珠三角[0]　　　　　　# 输出列表的第 1 个元素
Out	'广州'
In	珠三角[1:3]　　　　　# 输出第 2 个至第 3 个元素
Out	['深圳', '珠海']
In	珠三角[2:]　　　　　# 输出从第 3 个开始至列表末尾的所有元素
Out	['珠海', '佛山', '惠州', '东莞', '中山', '江门', '肇庆']
In	珠三角[:4] + CGDP [:4]　　# 列表合并输出
Out	['广州', '深圳', '珠海', '佛山', 2.58, 3.33, 2.81, 2.02]

Python 的内置函数 range 可用于创建一个整数列表，使用 range 函数可生成各种类型的列表，range 函数在 Python 3 中变成一个迭代器，输出需用 list。

In	a=range(5)　　　　#0～4 的整数，相当于 range(0,4) list(a)　　　　　#显示整数列表
Out	[0, 1, 2, 3, 4]
In	b=range(1,5)　　　#1～4 的整数列 list(b)
Out	[1, 2, 3, 4]
In	c=range(0,9,2)　　#步长为 2 的整数列 list(c)
Out	[0, 2, 4, 6, 8]

（2）字典

字典（dictionary）也是一种 Python 自定义数据类型，可存储任意类型的对象，可看作列表的扩展形式。字典的每个键值对用:分隔，每个键值对之间用,分隔，整个字典用{}标识，格式如下：

```
dict= {key1 : value1, key2 : value2 }
```

键必须是唯一的，但值则不必，值可以为任何数据类型，如字符串、数字或列表。

字典是 Python 中除列表以外极灵活的自定义数据类型。列表是有序的对象集合，字典是无序的对象集合。字典中的元素是通过键来存取的，而不是通过索引存取。

In	Dict={'区域': 珠三角, '人均 GDP': CGDP}; Dict　　#定义字典
Out	{'区域': ['广州', '深圳', '珠海', '佛山', '惠州', '东莞', '中山', '江门', '肇庆'], '人均 GDP': [2.58, 3.33, 2.81, 2.02, 1.39, 1.36, 1.51, 1.28, 0.74]}
In	Dict['人均 GDP']　　　　　　　　　# 输出键为"人均 GDP"的值
Out	[2.58, 3.33, 2.81, 2.02, 1.39, 1.36, 1.51, 1.28, 0.74]
In	Dict.keys()　　　　　　　　　　# 输出所有键
Out	dict_keys(['区域', '人均 GDP'])
In	Dict.values()　　　　　　　　　# 输出所有值
Out	dict_values([['广州', '深圳', '珠海', '佛山', '惠州', '东莞', '中山', '江门', '肇庆'], [2.58, 3.33, 2.81, 2.02, 1.39, 1.36, 1.51, 1.28, 0.74]])

2.1.3　Python 的函数定义

要学好 Python 数据分析，就需要掌握 Python 中的函数及其编程方法。

在较复杂的计算问题中，有时一个任务可能需要重复多次，这时不妨编写函数。这么做的好处是，函数内的变量名是局部的，即函数运行结束后它们不再保存到当前的工作空间，这就可以避免许多不必要的混淆和内存空间占用。

1．函数的定义与调用

（1）函数的定义

下面简单介绍一下 Python 的函数定义方法。定义函数的语法如下：

```
def 函数名(参数1，参数2，…)：
    函数体
    Return
```

函数名可以是任意字符，但要小心使用之前使用过的函数名，因为后定义的函数会覆盖先定义的函数。如果函数只用来计算，不需要返回结果，则可在函数中用 print 函数，这时只用变量名是无法显示结果的。

一旦定义了函数，就可以像使用 Python 的其他函数一样使用它了。

由于 Python 是开源的，因此所有函数使用者都可以查看其源代码，而且所有人都可以随时修改这些函数形成自己的函数。

用户自己写的函数称为自定义函数，Python 语言最大的优势就是可以随时随地编写自己的函数，而且可以像使用 Python 的内置函数一样使用自定义的函数。

首先写一个类似于输出最大值的自定义函数，用于比较两个数的大小，并输出较大的数。print_max 为函数名，x、y 为函数参数，多个参数使用逗号隔开。

In	def print_max(x, y): 　　if x > y: print(x) 　　else: print(y)

（2）函数的调用

函数写好之后，就可供别人使用了，例如我们使用（调用）上例定义的比较两个数的大小的函数。

In	print_max(3,5)
Out	5

2. 函数的参数与返回值

（1）函数的参数

函数的参数分为形参和实参，定义函数时的参数为形参，调用函数时传入的参数为实参。

例如在定义 print_max 函数时的 x 和 y 为形参，告诉使用者这里有两个参数需要传入；在调用函数时，print_max(3, 5)中的 3 和 5 为实参，是传入的真实参数。

（2）函数的返回值

很多时候我们希望通过一个函数来计算得出某个结果，同时我们能够得到这个结果。

例如上面的例子比较两个数的大小，我们不仅需要能够比较出（输出）结果，还需要得到其中较大的一个数，那么这时候就需要使用 return 语句。也就是说，要想函数有返回值，可以使用 return 语句来实现。

举例说明：把我们自定义的 print_max 函数做如下修改。

In	def print_max(x, y): 　　if x > y: return(x) 　　else: return(y)
In	z=print_max(3,5); z
Out	5

return 语句的语法特点如下：

- 在函数中使用 return 语句，可以将值返回。
- 在函数中使用 return 语句，return 语句之后的代码行不会被运行。
- return 语句后不加参数，返回的值是 None。

2.2　Python 数据处理方法

在进行任何数据分析之前，都需要对收集到的数据进行处理，将数据整理成有用的数据集是数据分析的关键步骤，也是较难的一步，目前许多公司和个人喜欢使用 Python 不只是因为 Python 有强大的数据分析功能，还因为 Python 有数据处理功能。

Python 数据处理方法

2.2.1　Python 数据处理包

1. 常用数据处理包

Python 具有丰富的数据分析模块，几乎所有的 Python 函数和数据集都是保存在包（库）里面的。只有当一个包被安装并被载入时，其中的内容才可以被访问。这样做一是为了高效运行，所有的函数都加载会耗费大量的内存并且增加搜索的时间；二是为了帮助包的开发者，避免命名和其他代码中的名称冲突。

由于 Anaconda 发行版已安装常用的数据分析程序包，所以我们可直接调用。表 2-1 所示为 Python 常用数据处理包，其他包等需要时再介绍。

表 2-1　　　　　　　　　　　　Python 常用数据处理包

包　名	说　明	主　要　功　能
NumPy	数值计算包	NumPy（Numerical Python）是 Python 的一种开源的数值计算扩展包，用于实现科学计算。它提供了许多高级的数值计算工具，如矩阵数据类型、线性代数的运算库。它专为进行严格的数值计算而产生，具有与 MATLAB 类似的大部分数值计算功能
pandas	数据操作包	pandas 提供类似于 R 语言的 DataFrame，非常方便。pandas 是面板数据（panel data）和数据分析（data analysis）的简写。它是 Python 较强大的数据分析和探索工具，因金融数据分析而被开发，支持类似 SQL 的数据增、删、改、查，支持时间序列分析，能灵活处理缺失数据
Matplotlib	基本绘图包	Matplotlib 主要用于绘图和绘表，是一个强大的数据可视化工具，语法类似 MATLAB 的，是 Python 的基本绘图框架，提供了一整套和 MATLAB 相似的命令 API，十分适合进行基本数据分析并制图
cufflinks	动态绘图包	cufflinks 是一个可视化的包，可以无缝衔接 pandas 和 Plotly。cufflinks 在 Plotly 的基础上做了进一步的包装，方法统一，参数配置简单，可以结合 pandas 的 DataFrame 灵活地制作很多动态图
SciPy	科学计算包	SciPy 提供了很多科学计算工具和算法，易于使用，是专为科学计算和工程设计的 Python 工具包。它包括统计、优化、整合、线性代数模块、傅里叶变换、信号和图像处理、常微分方程求解器等功能，包含常用的统计估计和检验方法
statsmodels	统计模型包	statsmodels 可以作为 scipy.stats 的补充包，是一个包含统计模型、统计测试和统计数据挖掘功能的 Python 包。它对每一个模型都会生成一个对应的统计结果，对时间序列能实现完美支持

注意： 安装程序包和调用程序包是两个概念，安装程序包是指将需要的程序包安装到计算机中，调用程序包是指将程序包调入 Python 环境。

如 NumPy、pandas、Matplotlib、SciPy 和 statsmodels 这些常用的数据处理包 Anaconda 已自动安装了，而 cufflinks 包则需要我们手动安装。有以下两种安装方式。

（1）在命令行中安装

在 Anaconda Prompt 命令行中运行以下命令。

```
> pip install cufflinks
```

（2）在平台里安装

在 Jupyter Notebook 或 JupyterLab 中安装，代码如下。

In	!pip install cufflinks
Out	Requirement already satisfied: cufflinks in c:\users\lenovo\anaconda3\lib\site-packages (0.17.3) Requirement already satisfied: ipywidgets>=7.0.0 in c:\users\lenovo\anaconda3\lib\site-packages (from cufflinks) (7.5.1) Requirement already satisfied: ipython>=5.3.0 in c:\users\lenovo\anaconda3\lib\site-packages (from cufflinks) (7.16.1) Requirement already satisfied: plotly>=4.1.1 in c:\users\lenovo\anaconda3\lib\site-packages (from cufflinks) (4.12.0) ……

下面以 NumPy 为例，介绍 Python 中已安装的包及其函数的使用。

NumPy 可用来存储和处理大型矩阵，其比 Python 自身的列表结构[该结构也可以用来表示二维数组（用于数学矩阵）和多维数组]使用起来要高效得多，基本可替代 MATLAB 的矩阵运算。

Python 导入包的命令是 import，如要导入上述的数值计算包，可运行如下代码。

| In | import numpy | #将以 numpy 名调用函数 |
| | numpy.array([1,2,3,4,5]) | #根据列表构建的一维数组 |

要使用这些包中的函数，可直接使用包名 "." +函数名。

如要简化包的名称，可用 as 命令赋予包别名，如下。

In	import numpy as np a=np.array([1,2,3,4,5]); a	
Out	array([1, 2, 3, 4, 5])	
In	b=np.arange(5); b	#等差数列，公差为 1
Out	array([0, 1, 2, 3, 4])	
In	c=np.arange(1,5,0.5); c	#等差数列，公差为 0.5
Out	array([1. , 1.5, 2. , 2.5, 3. , 3.5, 4. , 4.5])	
In	d=np.linspace(1,9,5); d	#等差数列，共 5 项
Out	array([1., 3., 5., 7., 9.])	

NumPy 包中的函数调用如下。

| In | import numpy as np | #将以 np 名调用函数 |
| | np.log([1,2,3,4,5]) | |

也可以用别名直接调用包中的具体函数。

| In | from numpy import log as ln | #定义函数 log 的别名为 ln |
| | ln([1,2,3,4,5]) | |

用 astype 可以对 NumPy 中的数据的类型进行转换，该命令也适用于下面的数据框序列。

In	c.astype(int) #将数组 c 转换为整数型
Out	array([1, 1, 2, 2, 3, 3, 4, 4])
In	a.astype(str) #将数组 a 转换为字符型
Out	array(['1', '2', '3', '4', '5'], dtype='<U11')

2. 数据框及其构成

数据框相当于关系数据库中的结构化数据类型，传统的数据大都以结构化数据的形式存储于关系数据库中，因而 Python 的数据分析主要是以数据框为基础的。

这里说的数据框可以看作结构化数据的 Python 实现，在 Python 中数据框是用 pandas 包中的 DataFrame 函数生成的。

（1）数据框生成

In	import pandas as pd pd.DataFrame()　　　　　　　　　　　#生成空数据框
Out	—
In	from pandas import DataFrame DataFrame()　　　　　　　　　　#数据框相应命令的简写，本书采用的是该格式
Out	—

（2）根据列表创建数据框

In	珠三角=['广州','深圳','珠海','佛山','惠州','东莞','中山','江门','肇庆']; 珠三角
Out	['广州', '深圳','珠海','佛山','惠州','东莞','中山','江门','肇庆']
In	DataFrame(珠三角)
Out	<pre> 0 0 广州 1 深圳 2 珠海 3 佛山 4 惠州 5 东莞 6 中山 7 江门 8 肇庆</pre>
In	CGDP=[2.58,3.33,2.81,2.02,1.39,1.36,1.51,1.28,0.74]; CGDP　　#人均 GDP
Out	[2.58, 3.33, 2.81, 2.02, 1.39, 1.36, 1.51, 1.28, 0.74]
In	DataFrame(data=CGDP,index=珠三角,columns=['CGDP'])
Out	<pre> CGDP 广州 2.58 深圳 3.33 珠海 2.81 佛山 2.02 惠州 1.39 东莞 1.36 中山 1.51 江门 1.28 肇庆 0.74</pre>

相反，list 或.tolist 函数可将数据框的列数据转换为列表。

（3）根据字典创建数据框

In	DataFrame({'CGDP':CGDP},index=珠三角)
Out	CGDP 广州　2.58 深圳　3.33 珠海　2.81 佛山　2.02 惠州　1.39 东莞　1.36 中山　1.51 江门　1.28 肇庆　0.74
In	DataFrame({'区域':珠三角,'CGDP':CGDP})
Out	区域　CGDP 0　广州　2.58 1　深圳　3.33 2　珠海　2.81 3　佛山　2.02 4　惠州　1.39 5　东莞　1.36 6　中山　1.51 7　江门　1.28 8　肇庆　0.74

3．数据框的读存

在 Python 中，大量的数据常常是从外部文件读入的，而不是在列表中直接输入的。外部的数据源有很多，可以是电子表格文件、数据库文件、文本文件等。Python 的数据导入工具使用起来非常简单，本书使用 pandas 包读取数据时，读入的数据类型为数据框。

（1）读取 Excel 数据

使用 pandas 包中的 read_excel 可直接读取 Excel 文档中的任意表单数据。

【Excel 的基本操作】

Excel（电子表格）可以看作一种开放型数据库，但其比数据库灵活，在数据量不是特别大的情况下管理和操作数据很方便。如可以在其不同的工作表中保存不同的数据，如图 2-4 所示。

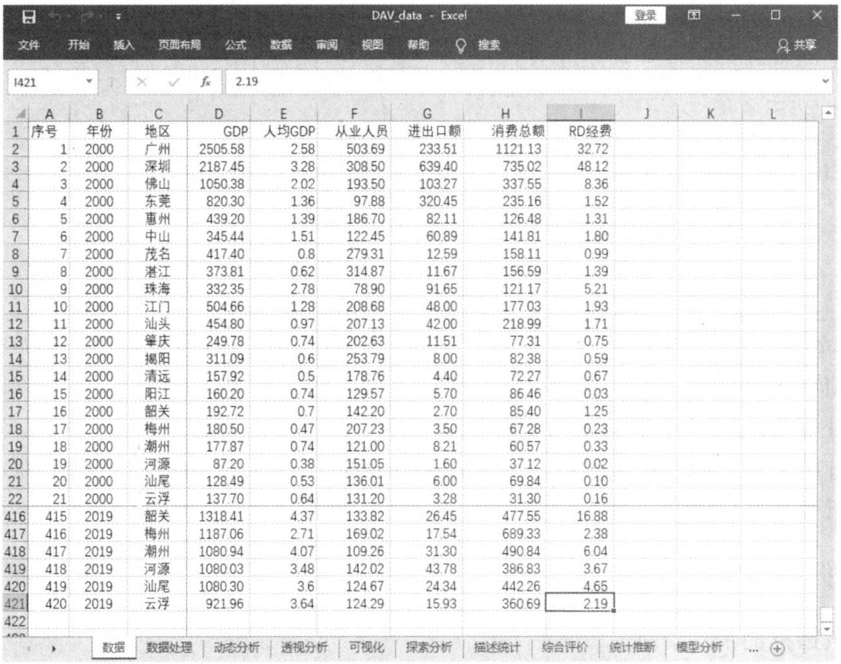

	A	B	C	D	E	F	G	H	I
1	序号	年份	地区	GDP	人均GDP	从业人员	进出口额	消费总额	RD经费
2	1	2000	广州	2505.58	2.58	503.69	233.51	1121.13	32.72
3	2	2000	深圳	2187.45	3.28	308.50	639.40	735.02	48.12
4	3	2000	佛山	1050.38	2.02	193.50	103.27	337.55	8.36
5	4	2000	东莞	820.30	1.36	97.88	320.45	235.16	1.52
6	5	2000	惠州	439.20	1.39	186.70	82.11	126.48	1.31
7	6	2000	中山	345.44	1.51	122.45	60.89	141.81	1.80
8	7	2000	茂名	417.40	0.8	279.31	12.59	158.11	0.99
9	8	2000	湛江	373.81	0.62	314.87	11.67	156.59	1.39
10	9	2000	珠海	332.35	2.78	78.90	91.65	121.17	5.21
11	10	2000	江门	504.66	1.28	208.68	48.00	177.03	1.93
12	11	2000	汕头	454.80	0.97	207.13	42.00	218.99	1.71
13	12	2000	肇庆	249.78	0.74	202.63	11.51	77.31	0.75
14	13	2000	揭阳	311.09	0.6	253.79	8.00	82.38	0.59
15	14	2000	清远	157.92	0.5	178.76	4.40	72.27	0.67
16	15	2000	阳江	160.20	0.74	129.57	5.70	86.46	0.03
17	16	2000	韶关	192.72	0.7	142.20	2.70	85.40	1.25
18	17	2000	梅州	180.50	0.47	207.23	3.50	67.28	0.23
19	18	2000	潮州	177.87	0.74	121.00	8.21	60.57	0.33
20	19	2000	河源	87.20	0.38	151.05	1.60	37.12	0.02
21	20	2000	汕尾	128.49	0.53	136.01	6.00	69.84	0.10
22	21	2000	云浮	137.70	0.64	131.20	3.28	31.30	0.16
416	415	2019	韶关	1318.41	4.37	133.82	26.45	477.55	16.88
417	416	2019	梅州	1187.06	2.71	169.02	17.54	689.33	2.38
418	417	2019	潮州	1080.94	4.07	109.26	31.30	490.84	6.04
419	418	2019	河源	1080.03	3.48	142.02	43.78	386.83	3.67
420	419	2019	汕尾	1080.30	3.6	124.67	24.34	442.26	4.65
421	420	2019	云浮	921.96	3.64	124.29	15.93	360.69	2.19

图 2-4

例如，要读取 DAV_data.xlsx 文档的表单的“数据”，可用以下命令，其中 GD 为数据框对象。

In

```
GD=pd.read_excel('DAV_data.xlsx','数据',index_col=0)   #将第 1 列读为行索引
GD   #print(GD)
```

Out

```
     年份   地区    GDP      人均 GDP   从业人员   进出口额   消费总额   RD 经费
序号
1    2000   广州   2505.58    2.58      503.69    233.51    1121.13   32.72
2    2000   深圳   2187.45    3.28      308.50    639.40     735.02   48.12
3    2000   佛山   1050.38    2.02      193.50    103.27     337.55    8.36
4    2000   东莞    820.30    1.36       97.88    320.45     235.16    1.52
5    2000   惠州    439.20    1.39      186.70     82.11     126.48    1.31
...   ...   ...      ...       ...        ...       ...        ...     ...
416  2019   梅州   1187.06    2.71      169.02     17.54     689.33    2.38
417  2019   潮州   1080.94    4.07      109.26     31.30     490.84    6.04
418  2019   河源   1080.03    3.48      142.02     43.78     386.83    3.67
419  2019   汕尾   1080.30    3.60      124.67     24.34     442.26    4.65
420  2019   云浮    921.96    3.64      124.29     15.93     360.69    2.19
```

许多情况下，数据框是按格式输出的，都可用 print 将其按文本列表的形式输出，但这时中文数据有可能会出现排版乱码的情况。

（2）数据框数据的保存

Python 管理数据集的较好方式是使用电子表格格式，利用 pandas 保存电子表格数据的命令也很简单如下。

In	GD.to_excel('myG D.xlsx')　#将数据框 GD 保存到 myGD.xlsx 文档中

2.2.2　数据框的基本操作

前文已提到，pandas 是基于 NumPy 的一种数据分析包，该包是为解决数据分析任务而创建的。pandas 纳入了大量库和一些标准的数据模型，提供了高效地操作大型数据集所需的工具。pandas 提供了大量能使我们快速、便捷地处理数据的函数和方法。你很快就会发现，它是使 Python 成为强大而高效的数据分析环境的重要因素之一。

pandas 顾名思义就是面板数据分析（panel data analysis），故 pandas 是进行数据处理和时序数据分析的首选包。

1．数据框结构

（1）数据框的基本信息

In	GD.info()　　　　　　　#数据框信息
Out	`<class 'pandas.core.frame.DataFrame'>` Int64Index: 420 entries, 1 to 420 Data columns (total 8 columns): #　　Column　　Non-Null Count　　Dtype ---　　------　　--------------　　----- 0　　年份　　420 non-null　　int64 1　　地区　　420 non-null　　object 2　　GDP　　420 non-null　　float64 3　　人均 GDP　　420 non-null　　float64 4　　从业人员　　420 non-null　　float64 5　　进出口额　　420 non-null　　float64 6　　消费总额　　420 non-null　　float64 7　　RD 经费　　420 non-null　　float64 dtypes: float64(6), int64(1), object(1) memory usage: 29.5+ KB

（2）数据框的维度

In	GD.shape　　　#数据框的行数和列数
Out	(420, 8)
In	GD.shape[0]　　　#数据框的行数
Out	420
In	GD.shape[1]　　　#数据框的列数
Out	8

（3）数据框的行、列名

In	GD.index　　　　　#数据框的行名
Out	Int64Index([　1,　2,　3,　4,　5,　6,　7,　8,　9,　10, ... 　　　　416, 417, 418, 419, 420], dtype='int64', name='序号', length=420)
In	GD.columns　　　　　#数据框的列名
Out	Index(['年份', '地区', 'GDP', '人均 GDP', '从业人员', '进出口额', '消费总额', 'RD 经费'], dtype='object')

2. 数据框显示

（1）函数法

In	GD.head() #使用 head 函数会默认显示前 5 行							
Out		年份	地区	GDP	人均 GDP	从业人员	进出口额	消费总额	RD 经费
	序号								
	1	2000	广州	2505.58	2.58	503.69	233.51	1121.13	32.72
	2	2000	深圳	2187.45	3.28	308.50	639.40	735.02	48.12
	3	2000	佛山	1050.38	2.02	193.50	103.27	337.55	8.36
	4	2000	东莞	820.30	1.36	97.88	320.45	235.16	1.52
	5	2000	惠州	439.20	1.39	186.70	82.11	126.48	1.31
In	GD.tail(3) #使用 tail 函数会显示后 3 行							
Out		年份	地区	GDP	人均 GDP	从业人员	进出口额	消费总额	RD 经费
	序号								
	418	2019	河源	1080.03	3.48	142.02	43.78	386.83	3.67
	419	2019	汕尾	1080.30	3.60	124.67	24.34	442.26	4.65
	420	2019	云浮	921.96	3.64	124.29	15.93	360.69	2.19

（2）全局设置法

In	#pd.set_option('display.max_rows', None)　　　　#显示所有数据行 pd.set_option('display.max_rows',10)　　　　　#共显示 10 行数据

3. 选取列变量

选取数据框中的列变量的方法主要是使用.或[' ']，这是 Python 中较直观地选取变量的方法，比如，要选取数据框 GD 中的"年份"和"地区"变量，直接用 GD.年份与 GD.地区即可；也可用 GD['年份']与 GD[地区]。该方法在书写上比使用"."更烦琐，但却是不容易出错且直观的一种方法，并且可推广到具有多个变量的情形。

（1）选取一列（单变量）

In	GD['GDP'] #选取一列也可以用., 如 GD['GDP'] =GD.GDP
Out	序号 1 2505.58 2 2187.45 3 1050.38 4 820.30 5 439.20 ... 416 1187.06 417 1080.94 418 1080.03 419 1080.30 420 921.96

（2）选取多列（多变量）

In	GD[['年份','地区','GDP']] #选择年份、地区、GDP 这 3 列数据
Out	年份 地区 GDP 序号 1 2000 广州 2505.58 2 2000 深圳 2187.45 3 2000 佛山 1050.38 4 2000 东莞 820.30 5 2000 惠州 439.20 ... ... 416 2019 梅州 1187.06 417 2019 潮州 1080.94 418 2019 河源 1080.03 419 2019 汕尾 1080.30 420 2019 云浮 921.96 [420 rows x 3 columns]

4．选取行数据

（1）横向数据

In	GD[GD.年份==2019] #取 2019 年广东省 21 个地区的数据

序号	年份	地区	GDP	人均 GDP	从业人员	进出口额	消费总额	RD 经费
400	2019	广州	23628.60	15.64	1125.89	1450.54	9551.57	286.24
401	2019	深圳	26927.09	20.35	1283.37	4315.70	9144.46	1049.92
402	2019	佛山	10751.02	13.38	531.43	700.67	3685.27	259.71
403	2019	东莞	9482.50	11.25	711.11	2006.17	4003.89	260.57
404	2019	惠州	4177.41	8.60	318.29	393.60	1924.55	99.78
...	...	...	...	...	...	...	...	...
416	2019	梅州	1187.06	2.71	169.02	17.54	689.33	2.38
417	2019	潮州	1080.94	4.07	109.26	31.30	490.84	6.04
418	2019	河源	1080.03	3.48	142.02	43.78	386.83	3.67
419	2019	汕尾	1080.30	3.60	124.67	24.34	442.26	4.65
420	2019	云浮	921.96	3.64	124.29	15.93	360.69	2.19

Out（左侧列标注）

[21 rows x 8 columns]

【Excel 的基本操作】

Excel 提供了多种数据筛选的方法。本节将介绍自动筛选。自动筛选适用于对数据进行简单的条件筛选，筛选时将不满足条件的数据暂时隐藏起来，只显示符合条件的数据。这是一种简单的数据筛选方法。

① 选中数据清单中的任一数据单元格，切换到"数据"选项卡，在"排序和筛选"组中单击"筛选"，这时，数据清单中的每列的标志旁边都会出现一个下拉按钮，如图 2-5 所示。

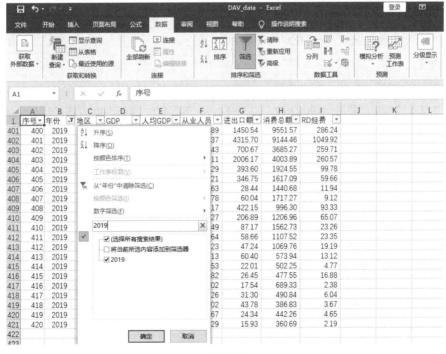

图 2-5

29

② 单击"年份"旁边的下拉按钮会出现筛选框，勾选"2019"前的复选框或输入"2019"即可筛选 2019 年的数据。

（2）纵向数据

In	GD[GD.地区=='广州']　　#取广东省广州市 2000 年—2019 年的数据						
		年份	地区	GDP	人均 GDP	从业人员	进出口额	消费总额	RD 经费
	序号						
	1	2000	广州	2505.58	2.58	503.69	233.51	1121.13	32.72
	22	2001	广州	2857.92	2.87	510.07	230.37	1243.90	13.56
	43	2002	广州	3224.33	3.25	514.08	279.27	1370.68	14.23
	64	2003	广州	3780.45	3.86	521.07	349.41	1494.28	15.25
Out	85	2004	广州	4477.35	4.62	540.71	447.88	1675.05	15.79
	...	...	...	...	...	...	...	...	...
	316	2015	广州	18313.80	13.78	810.99	1338.68	7987.96	209.56
	337	2016	广州	19782.19	14.36	835.26	1293.09	8706.49	228.89
	358	2017	广州	21503.15	15.07	862.33	1432.50	8598.64	254.86
	379	2018	广州	22859.35	15.55	896.54	1485.05	9256.19	267.27
	400	2019	广州	23628.60	15.64	1125.89	1450.54	9551.57	286.24

（3）面板数据

In	GD[(GD.年份.isin([2010,2015,2019])) & (GD.地区.isin(['广州','深圳','珠海']))]						
		年份	地区	GDP	人均 GDP	从业人员	进出口额	消费总额	RD 经费
	序号						
	211	2010	广州	10859.29	8.84	789.11	1037.68	4500.28	118.77
	212	2010	深圳	10002.22	9.84	705.17	3467.49	3000.76	313.79
	221	2010	珠海	1202.60	7.79	105.36	434.80	486.03	20.31
Out	316	2015	广州	18313.80	13.78	810.99	1338.68	7987.96	209.56
	317	2015	深圳	18014.07	16.26	906.14	4424.59	5017.84	672.65
	325	2015	珠海	2025.41	12.47	108.92	476.37	915.20	43.40
	400	2019	广州	23628.60	15.64	1125.89	1450.54	9551.57	286.24
	401	2019	深圳	26927.09	20.35	1283.37	4315.70	9144.46	1049.92
	408	2019	珠海	3435.89	17.55	161.17	422.15	996.30	93.33

同理，单击"地区"旁边的下拉按钮会出现筛选框，勾选相关地区前的复选框将实现筛选相应地区的数据，如图 2-6 所示。

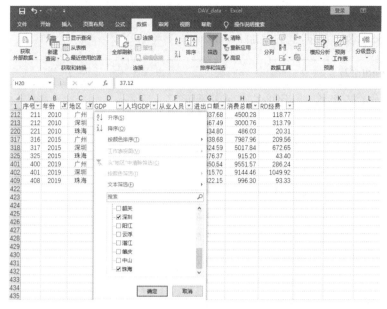

图 2-6

2.2.3 数据框的重组与透视

数据框重组的方法较多，这里只简单介绍，详情可参考相关文献。

1. 合并数据框

首先构建两个用于重塑的数据框 df1 和 df2。

In	df1=GD[(GD.年份>=2015) & (GD.地区=='广州')][['年份','地区','GDP','人均 GDP']];df1			
		年份	地区	GDP	人均 GDP
	序号				
	316	2015	广州	18313.80	13.78
Out	337	2016	广州	19782.19	14.36
	358	2017	广州	21503.15	15.07
	379	2018	广州	22859.35	15.55
	400	2019	广州	23628.60	15.64
In	df2=GD[(GD.年份>=2015) & (GD.地区=='深圳')][['年份','地区','GDP','人均 GDP']];df2			
		年份	地区	GDP	人均 GDP
	序号				
	317	2015	深圳	18014.07	16.26
Out	338	2016	深圳	20079.70	17.25
	359	2017	深圳	22490.06	18.35
	380	2018	深圳	24221.77	18.96
	401	2019	深圳	26927.09	20.35

（1）数据框的追加

可使用 append 实现数据框的追加。

In	df1.append(df2)			
		年份	地区	GDP	人均 GDP
	序号				
	316	2015	广州	18313.80	13.78
	337	2016	广州	19782.19	14.36
	358	2017	广州	21503.15	15.07
Out	379	2018	广州	22859.35	15.55
	400	2019	广州	23628.60	15.64
	317	2015	深圳	18014.07	16.26
	338	2016	深圳	20079.70	17.25
	359	2017	深圳	22490.06	18.35
	380	2018	深圳	24221.77	18.96
	401	2019	深圳	26927.09	20.35

（2）数据框的合并

可使用 merge 实现数据框的合并

In	df1.merge(df2, on='年份')						
		年份	地区_x	GDP_x	人均 GDP_x	地区_y	GDP_y	人均 GDP_y
	0	2015	广州	18313.80	13.78	深圳	18014.07	16.26
	1	2016	广州	19782.19	14.36	深圳	20079.70	17.25
Out	2	2017	广州	21503.15	15.07	深圳	22490.06	18.35
	3	2018	广州	22859.35	15.55	深圳	24221.77	18.96
	4	2019	广州	23628.60	15.64	深圳	26927.09	20.35

2. 数据框的重构

Python 数据分析包 Pandas 的数据框可以被看作矩阵的一种推广，具有一般关系型数据库数据结构的一些特点，如可以删除数据框的列与行、设置数据框索引（行名）等，下面介绍的数据分析和可视化基本都是基于数据框的。

In	珠三角=['广州','深圳','珠海','佛山','惠州','东莞','中山','江门','肇庆']; df1=GD[(GD.年份==2015) & (GD.地区.isin(珠三角))];df1 #珠三角 2015 年的数据

序号	年份	地区	GDP	人均 GDP	从业人员	进出口额	消费总额	RD 经费
316	2015	广州	18313.80	13.78	810.99	1338.68	7987.96	209.56
317	2015	深圳	18014.07	16.26	906.14	4424.59	5017.84	672.65
318	2015	佛山	8133.67	10.83	438.41	657.20	2705.22	192.99
319	2015	东莞	6374.29	7.68	653.41	1676.73	2184.70	126.79
320	2015	惠州	3178.68	6.70	281.51	543.55	1070.88	59.72
321	2015	中山	3052.79	9.40	210.51	356.03	1086.74	69.24
325	2015	珠海	2025.41	12.47	108.92	476.37	915.20	43.40
324	2015	江门	2264.19	5.01	242.92	198.31	1034.30	38.74
326	2015	肇庆	1984.02	4.87	218.44	82.08	648.36	19.22

（1）增加列

In	df1['常住人口']=df1['GDP']/df1['人均 GDP'];df1

序号	年份	地区	GDP	人均 GDP	...	进出口额	消费总额	RD 经费	常住人口
316	2015	广州	18313.80	13.78	...	1338.68	7987.96	209.56	1329.013
317	2015	深圳	18014.07	16.26	...	4424.59	5017.84	672.65	1107.876
318	2015	佛山	8133.67	10.83	...	657.20	2705.22	192.99	751.031
319	2015	东莞	6374.29	7.68	...	1676.73	2184.70	126.79	829.986
320	2015	惠州	3178.68	6.70	...	543.55	1070.88	59.72	474.430
321	2015	中山	3052.79	9.40	...	356.03	1086.74	69.24	324.765
325	2015	珠海	2025.41	12.47	...	476.37	915.20	43.40	162.423
324	2015	江门	2264.19	5.01	...	198.31	1034.30	38.74	451.934
326	2015	肇庆	1984.02	4.87	...	82.08	648.36	19.22	407.396

[9 rows x 9 columns]

（2）删除列

In	df1.drop(['常住人口'],axis=1,inplace=True);print(df1) #axis=1 表示删除列；inplace=True 表示覆盖原数据框，其默认值为 False，表示不覆盖原数据框

序号	年份	地区	GDP	人均 GDP	从业人员	进出口额	消费总额	RD 经费
316	2015	广州	18313.80	13.78	810.99	1338.68	7987.96	209.56
317	2015	深圳	18014.07	16.26	906.14	4424.59	5017.84	672.65
318	2015	佛山	8133.67	10.83	438.41	657.20	2705.22	192.99
319	2015	东莞	6374.29	7.68	653.41	1676.73	2184.70	126.79
320	2015	惠州	3178.68	6.70	281.51	543.55	1070.88	59.72
321	2015	中山	3052.79	9.40	210.51	356.03	1086.74	69.24
325	2015	珠海	2025.41	12.47	108.92	476.37	915.20	43.40
324	2015	江门	2264.19	5.01	242.92	198.31	1034.30	38.74
326	2015	肇庆	1984.02	4.87	218.44	82.08	648.36	19.22

（Out 对应上表）

axis=0 时表示删除行，如 df.drop([1,4], axis=0)即表示删除 1 行和 4 行。

（3）数据框的索引

对于数据框，可以通过 set_index 设置某一列变量为行索引。

In	df2=df1.set_index('地区');print(df2) #设置地区为行索引

地区	年份	GDP	人均 GDP	从业人员	进出口额	消费总额	RD 经费
广州	2015	18313.80	13.78	810.99	1338.68	7987.96	209.56
深圳	2015	18014.07	16.26	906.14	4424.59	5017.84	672.65
佛山	2015	8133.67	10.83	438.41	657.20	2705.22	192.99
东莞	2015	6374.29	7.68	653.41	1676.73	2184.70	126.79
惠州	2015	3178.68	6.70	281.51	543.55	1070.88	59.72
中山	2015	3052.79	9.40	210.51	356.03	1086.74	69.24
珠海	2015	2025.41	12.47	108.92	476.37	915.20	43.40
江门	2015	2264.19	5.01	242.92	198.31	1034.30	38.74
肇庆	2015	1984.02	4.87	218.44	82.08	648.36	19.22

（Out，地区为行索引）

使用 reset_index 函数可以还原行索引为列变量，即将上面的地区行索引还原为第二列变量。

In	df2.reset_index() #注意这里默认 inplace=False，所以 df2 并未发生变化

序号	地区	年份	GDP	人均 GDP	从业人员	进出口额	消费总额	RD 经费
0	广州	2015	18313.80	13.78	810.99	1338.68	7987.96	209.56
1	深圳	2015	18014.07	16.26	906.14	4424.59	5017.84	672.65
2	佛山	2015	8133.67	10.83	438.41	657.20	2705.22	192.99
3	东莞	2015	6374.29	7.68	653.41	1676.73	2184.70	126.79
4	惠州	2015	3178.68	6.70	281.51	543.55	1070.88	59.72
5	中山	2015	3052.79	9.40	210.51	356.03	1086.74	69.24
6	珠海	2015	2025.41	12.47	108.92	476.37	915.20	43.40
7	江门	2015	2264.19	5.01	242.92	198.31	1034.30	38.74
8	肇庆	2015	1984.02	4.87	218.44	82.08	648.36	19.22

（Out 对应上表）

（4）数据框的排序

In	df1.sort_index() #按索引排序，默认为升序，即 ascending=True								
	序号	年份	地区	GDP	人均 GDP	从业人员	进出口额	消费总额	RD 经费
	316	2015	广州	18313.80	13.78	810.99	1338.68	7987.96	209.56
	317	2015	深圳	18014.07	16.26	906.14	4424.59	5017.84	672.65
	318	2015	佛山	8133.67	10.83	438.41	657.20	2705.22	192.99
Out	319	2015	东莞	6374.29	7.68	653.41	1676.73	2184.70	126.79
	320	2015	惠州	3178.68	6.70	281.51	543.55	1070.88	59.72
	321	2015	中山	3052.79	9.40	210.51	356.03	1086.74	69.24
	324	2015	江门	2264.19	5.01	242.92	198.31	1034.30	38.74
	325	2015	珠海	2025.41	12.47	108.92	476.37	915.20	43.40
	326	2015	肇庆	1984.02	4.87	218.44	82.08	648.36	19.22
In	df1.sort_values(by='GDP') #按值排序，默认升序，即 ascending=True								
	序号	年份	地区	GDP	人均 GDP	从业人员	进出口额	消费总额	RD 经费
	326	2015	肇庆	1984.02	4.87	218.44	82.08	648.36	19.22
	325	2015	珠海	2025.41	12.47	108.92	476.37	915.20	43.40
	324	2015	江门	2264.19	5.01	242.92	198.31	1034.30	38.74
Out	321	2015	中山	3052.79	9.40	210.51	356.03	1086.74	69.24
	320	2015	惠州	3178.68	6.70	281.51	543.55	1070.88	59.72
	319	2015	东莞	6374.29	7.68	653.41	1676.73	2184.70	126.79
	318	2015	佛山	8133.67	10.83	438.41	657.20	2705.22	192.99
	317	2015	深圳	18014.07	16.26	906.14	4424.59	5017.84	672.65
	316	2015	广州	18313.80	13.78	810.99	1338.68	7987.96	209.56
In	df1.sort_values(by=['GDP','从业人员'],ascending=False)								
	序号	年份	地区	GDP	人均 GDP	从业人员	进出口额	消费总额	RD 经费
	316	2015	广州	18313.80	13.78	810.99	1338.68	7987.96	209.56
	317	2015	深圳	18014.07	16.26	906.14	4424.59	5017.84	672.65
	318	2015	佛山	8133.67	10.83	438.41	657.20	2705.22	192.99
Out	319	2015	东莞	6374.29	7.68	653.41	1676.73	2184.70	126.79
	320	2015	惠州	3178.68	6.70	281.51	543.55	1070.88	59.72
	321	2015	中山	3052.79	9.40	210.51	356.03	1086.74	69.24
	324	2015	江门	2264.19	5.01	242.92	198.31	1034.30	38.74
	325	2015	珠海	2025.41	12.47	108.92	476.37	915.20	43.40
	326	2015	肇庆	1984.02	4.87	218.44	82.08	648.36	19.22

3．数据框的透视

pandas 有一个数据透视函数 pivot，其可以用于生成任意维度的透视表，还可以用于实现 Excel 等电子表格的透视表功能。

但这里的透视函数 pivot 主要用于数据的重构，并没有统计计算功能，要做数据的透视分析，请参见 4.1 节介绍的透视表函数 pivot_table。

pivot 有 3 个重要的参数，即 index（行）、columns（列）、values（值），如果不改变函数中的参数的顺序，可以不写参数名，只写变量名。

（1）无筛选透视表

In	GD.pivot(index='年份',columns='地区',values='人均 GDP')
Out	地区　　东莞　中山　云浮　佛山　…　肇庆　茂名　阳江　韶关 年份　　　　　　　　　　　　　　… 2000　1.36　1.51　0.64　2.02　…　0.74　0.80　0.74　0.70 2001　1.53　1.70　0.65　2.20　…　0.78　0.91　0.79　0.77 2002　1.82　1.96　0.66　2.40　…　0.84　0.98　0.86　0.83 2003　2.22　2.37　0.71　2.82　…　0.93　1.10　0.95　0.93 2004　2.76　2.91　0.81　3.37　…　1.08　1.20　1.10　1.06 …　　　…　　…　　…　　…　　　…　　…　　…　　… 2015　7.68　9.40　2.91　10.83　…　4.87　4.06　4.93　3.65 2016　8.40　9.95　3.15　11.59　…　5.12　4.36　4.98　3.85 2017　9.13　10.57　3.22　12.43　…　5.15　4.71　5.17　4.20 2018　9.89　11.06　3.37　12.77　…　5.33　4.94　5.30　4.50 2019　11.25　9.27　3.64　13.38　…　5.39　5.11　5.04　4.37 [20 rows x 21 columns]
In	GD.pivot(index='地区',columns='年份',values='人均 GDP')
Out	年份　2000　2001　2002　2003　…　2016　2017　2018　2019 地区　　　　　　　　　　　　　　　… 东莞　1.36　1.53　1.82　2.22　…　8.40　9.13　9.89　11.25 中山　1.51　1.70　1.96　2.37　…　9.95　10.57　11.06　9.27 云浮　0.64　0.65　0.66　0.71　…　3.15　3.22　3.37　3.64 佛山　2.02　2.20　2.40　2.82　…　11.59　12.43　12.77　13.38 广州　2.58　2.87　3.25　3.86　…　14.36　15.07　15.55　15.64 …　　　…　　…　　…　　…　　　…　　…　　…　　… 珠海　2.78　2.92　3.15　3.58　…　13.45　15.55　15.94　17.55 肇庆　0.74　0.78　0.84　0.93　…　5.12　5.15　5.33　5.39 茂名　0.80　0.91　0.98　1.10　…　4.36　4.71　4.94　5.11 阳江　0.74　0.79　0.86　0.95　…　4.98　5.17　5.30　5.04 韶关　0.70　0.77　0.83　0.93　…　3.85　4.20　4.50　4.37 [21 rows x 20 columns]

【Excel 的基本操作】

① 选择数据清单中的任意一个单元格，单击"插入"选项卡，然后单击"数据透视图"下拉按钮，再单击"数据透视图"命令，将弹出图 2-7 所示的"创建数据透视图"对话框。

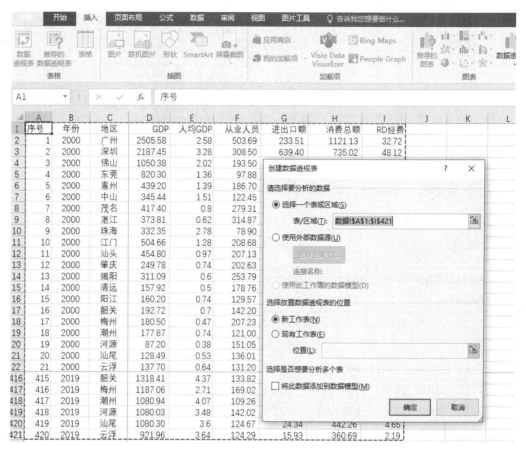

图 2-7

② 在"请选择要分析的数据"选区中，默认已经选定了前面所选单元格所在的数据区域。可以重新选择数据区域，先单击右边的折叠按钮，选择完数据区域后单击展开按钮。在"选择放置数据透视表的位置"选区中，可以选择在新工作表中或者现有工作表中放置数据透视表，这里选择"新工作表"，然后单击"确定"按钮，如图 2-7 所示。

③ 单击"确定"按钮后，在新工作表的右边将出现"数据透视表字段"面板。勾选字段"年份""地区""人均 GDP"，其中"人均 GDP"作为求和项、"地区"作为行标签、"年份"作为列标签，可直接拖动字段到对应的标签区域内。在"数据透视表字段"面板中进行设置的同时，数据透视表会即时显示相应的结果，如图 2-8 所示。

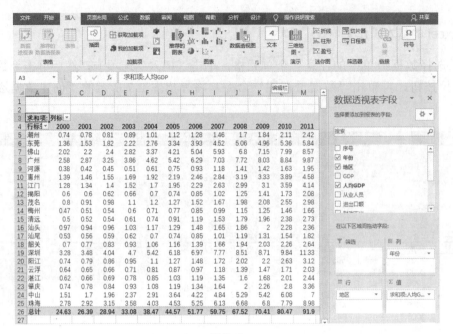

图 2-8

（2）有筛选透视表

In	Pdata=GD[(GD.年份.isin([2010,2015,2019]))&(GD.地区.isin(['广州','深圳','珠海']))] Pdata							
		年份	地区	GDP	人均 GDP	从业人员	进出口额	消费总额	RD 经费
	序号								
	211	2010	广州	10859.29	8.84	789.11	1037.68	4500.28	118.77
	212	2010	深圳	10002.22	9.84	705.17	3467.49	3000.76	313.79
	221	2010	珠海	1202.60	7.79	105.36	434.80	486.03	20.31
Out	316	2015	广州	18313.80	13.78	810.99	1338.68	7987.96	209.56
	317	2015	深圳	18014.07	16.26	906.14	4424.59	5017.84	672.65
	325	2015	珠海	2025.41	12.47	108.92	476.37	915.20	43.40
	400	2019	广州	23628.60	15.64	1125.89	1450.54	9551.57	286.24
	401	2019	深圳	26927.09	20.35	1283.37	4315.70	9144.46	1049.92
	408	2019	珠海	3435.89	17.55	161.17	422.15	996.30	93.33
In	Pdata.pivot(index='地区',columns='年份',values=['GDP','消费总额'])						
		GDP			消费总额		
	年份	2010	2015	2019	2010	2015	2019
Out	地区						
	广州	10859.29	18313.80	23628.60	4500.28	7987.96	9551.57
	深圳	10002.22	18014.07	26927.09	3000.76	5017.84	9144.46
	珠海	1202.60	2025.41	3435.89	486.03	915.20	996.30

In	print(Pdata.pivot(index='年份',columns='地区',values=['GDP','消费总额']))					
Out	GDP			消费总额		
	地区　　广州	深圳	珠海	广州	深圳	珠海
	年份					
	2010　10859.29	10002.22	1202.60	4500.28	3000.76	486.03
	2015　18313.80	18014.07	2025.41	7987.96	5017.84	915.20
	2019　23628.60	26927.09	3435.89	9551.57	9144.46	996.30

【Excel 的基本操作】

勾选字段"年份""地区""GDP、消费总额",其中"GDP、消费总额"作为求和项、"年份"作为行标签、"地区"作为列标签,如图 2-9 所示。

图 2-9

练习题 2

一、选择题

1．下面选项中属于 Jupyter 的优点的是_____。

　　A．支持多语言　　B．分享便捷　　　C．远程运行　　　　　D．交互式展现

2．在 Python 中,获得当前目录的命令是_____。

　　A．%pwd　　　　　B．%cd　　　　　C．%pwd" D:\\DAV "　　D．%cd" D:\\DAV "

3. 改变当前目录为 D:\\DAV 的命令是_____。

    A. %pwd   B. %cd   C. %pwd "D:\\DAV"   D. %cd "D:\\DAV"

4. 在 Jupyter 环境中安装程序包 cufflinks 的命令是_____。

    A. pip install cufflinks   B. !pip install cufflinks

    C. import seaborn   D. !import cufflinks

5. 下面命令中的 np 的含义是_____。

```
import numpy as np
```

    A. NumPy 的约定别名，可更改   B. NumPy 的别名，不可更改

    C. NumPy 中的数据类型   D. NumPy 中的一个子库

6. 调用 math 包中的 sqrt 函数的命令是_____。

    A. from math import sqrt   B. from math in sqrt

    C. import sqrt from math   D. in sqrt from math

7. {1,2,3,5,7,11,13} 的数据类型是？

    A. list   B. int   C. series   D. dictionary

二、计算题

1. 下面有 3 组数据：

```
1, 2, 3, 4, 5
a, b, c, d
physics, chemistry, 1997, 2000
```

（1）请将其写入列表。

（2）请将其写入字典。

2. 下面有一些文本数据：

```
name,physics,Python,math,english
张三,100,100,25,12
李四,45,54,44,88
王五,54,76,13,91
赵六,54,452,26,100
```

（1）请将其写入列表。

（2）请将其写入字典。

3. 请创建 Python 数组，并计算。

（1）创建一个 2×2 的数组，计算对角线上元素的和。

（2）创建一个长度为 9 的一维数组，数组元素为 0～8，并将它重新改为 3×3 的二维数组。

（3）创建两个 3×3 的数组，分别将它们合并为 3×6、6×3 的数组然后将它们拆分为 3 个数组。

4. 调查数据。

某公司对财务部门人员的健身状况进行调查，结果为：

否，否，否，是，是，否，否，是，否，是，否，否，是，是，否，是，否，否，是，是。

（1）请将其写入列表。

（2）请将这组数据输入电子表格，并将其读入 Python。

第 **3** 章 Python 数据可视化方法

数据分析离不开数据可视化。数据可视化旨在借助于图形化的手段,清晰、有效地传达与沟通信息,但是,这并不意味着数据可视化就一定会因为要实现其功能而令人感到枯燥、乏味,或者为了其结果看上去绚丽多彩而显得极端复杂。为了有效地传达思想观念,美学形式与功能需要"齐头并进",通过直观地传达关键的信息与特征,实现对于相当稀疏而又复杂的数据集的深入洞察。然而,设计人员往往并不能很好地把握设计与功能之间的平衡,从而会设计出华而不实的数据可视化形式,无法达到其主要目的,也就是传达与沟通信息。

数据可视化与信息图形、信息可视化、科学可视化及统计图形密切相关。当前,在研究、教学和开发领域,数据可视化是一个极为活跃而又关键的部分。数据可视化实现了成熟的科学可视化领域与较年轻的信息可视化领域的统一。

人们往往会因为不了解各类图表的含义和作用而错误地使用图表,所以不能达到预期的效果。因此本章会介绍常用的一些数据可视化图表的作用和使用条件,以便人们在使用时能更好地发挥统计图表的价值。

本章主要介绍对单个变量进行可视化,并从横向、纵向和面板 3 个维度对数据进行可视化分析,即按照地区或时间对各指标进行直观比较。

3.1 基于列表的可视化

Matplotlib 是 Python 的基本绘图图形框架。它是著名的 Python 绘图库,提供了一整套和 MATLAB 相似的命令 API,十分适合用于交互式地进行制图。

基于列表的
可视化

本节所介绍使用的可视化方法包括:条图、饼图、点线图和面积图等。在绘制含中文的图形时,须进行一些基本设置。

In	`import matplotlib.pyplot as plt` #基本绘图包 `plt.rcParams['font.sans-serif']=['SimHei'];` #设置中文为黑体

下面我们从横向数据、纵向数据 2 个维度对广东省各地区的数据进行可视化的直观分析。

3.1.1　Matplotlib 的基本绘图

1. 横向数据的绘图

选取横向数据——在固定时间（年份）的情况下，各地区的数据。

In	GD=pd.read_excel('DAV_data.xlsx','数据',index_col=0) GD2015=GD[GD.年份==2015];GD2015　#广东省 21 个地区 2015 年的数据							
		年份	地区	GDP	人均 GDP	从业人员	进出口额	消费总额	RD 经费
	序号								
	316	2015	广州	18313.80	13.78	810.99	1338.68	7987.96	209.56
	317	2015	深圳	18014.07	16.26	906.14	4424.59	5017.84	672.65
	318	2015	佛山	8133.67	10.83	438.41	657.20	2705.22	192.99
	319	2015	东莞	6374.29	7.68	653.41	1676.73	2184.70	126.79
	320	2015	惠州	3178.68	6.70	281.51	543.55	1070.88	59.72
Out	...	...	...	...	...	...	...	...	...
	332	2015	梅州	959.78	2.22	213.52	24.54	559.50	2.25
	333	2015	潮州	914.21	3.40	124.94	31.41	444.15	5.11
	334	2015	河源	810.08	2.64	136.52	40.31	482.99	2.41
	335	2015	汕尾	760.70	2.52	119.86	32.02	489.61	5.03
	336	2015	云浮	696.44	2.91	133.37	19.12	304.71	2.56
	[21 rows x 8 columns]								

绘制横向数据的可视化方法包括：条图、饼图等。

（1）条图（bar chart）

条图又称条形图或柱形图，是指以宽度相等的条形的高度或长度的差异来显示统计指标数值大小的一种图形。条图简明、醒目，是一种常用的统计图。

条图的纵轴标签可以是频数或频率，各数据对应的条图的形状看起来是一样的，但是高度不一样。利用 Matplotlib 画条图的命令是 bar。在对连续数据绘制条图时，通常须先对数据分组。

In	plt.bar(df12019.地区,df12019.人均 GDP);#垂直条图
	plt.xticks(rotation=90);

Out	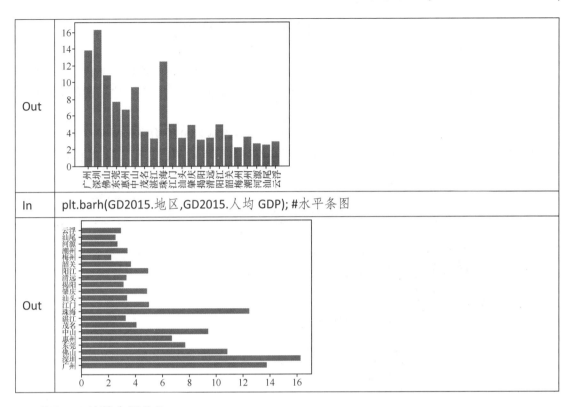
In	plt.barh(GD2015.地区,GD2015.人均 GDP); #水平条图
Out	

【Excel 的基本操作】

　　筛选 2015 年珠三角地区的数据，选择 C317:C337 和 E317:E337 单元格区域，切换到"插入"选项卡，在"图表"组中单击"柱形图"按钮，在弹出的列表中，选择二维柱形图对应的选项，即可生成柱形图，如图 3-1 所示。

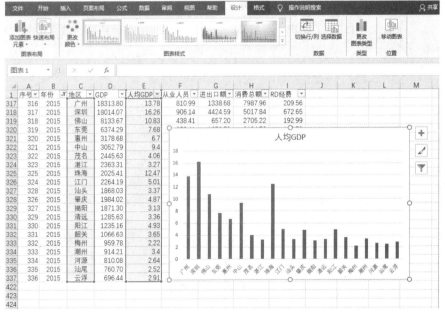

图 3-1

其他统计图在 Excel 中的绘制方法与之基本一致，所以后文从略。

（2）饼图（pie chart）

饼图也称圆图，是由一个圆或多个扇形组成的，每个扇形显示为不同的颜色。每个扇形的角度大小可显示一个数据系列中各项的大小以及其占各项总和的比例。饼图中的数据点显示为整个饼图的数值或百分比。

分类数据也常用饼图描述。饼图的扇形用于表示各组成部分的构成比情况，它以图形的总面积为 100%，并通过扇形面积的大小来表示各组成部分所占的百分比。在 Matplotlib 中制作饼图也很简单，使用命令 pie 就可以了。

In	`plt.pie(GD2015.消费总额,labels=GD2015.地区);`
Out	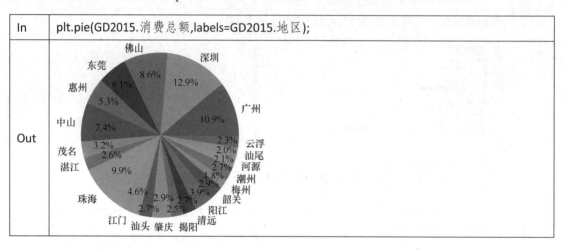

2. 纵向数据的绘图

选取纵向数据——在固定空间（地区）的情况下，各时段（年份）的数据。

In	GDfs=GD[GD.地区=='佛山'];print(GDfs)						#选取佛山地区的数据	
	序号	年份	地区	GDP	人均 GDP	从业人员	进出口额	消费总额	RD 经费
Out	3	2000	佛山	1050.38	2.02	193.50	103.27	337.55	8.36
	24	2001	佛山	1189.19	2.20	190.44	110.69	374.85	9.48
	45	2002	佛山	1328.55	2.40	205.74	129.69	419.80	12.35
	66	2003	佛山	1578.49	2.82	286.39	164.64	473.19	16.03
	87	2004	佛山	1918.00	3.37	293.51	216.87	555.75	24.39
	...	...	...	...	...	...	...	...	...
	318	2015	佛山	8133.67	10.83	438.41	657.20	2705.22	192.99
	339	2016	佛山	8757.72	11.59	438.81	621.84	3017.76	194.88
	360	2017	佛山	9398.52	12.43	435.51	642.60	3017.94	216.02
	381	2018	佛山	9935.88	12.77	440.91	697.71	3287.54	235.17
	402	2019	佛山	10751.02	13.38	531.43	700.67	3685.27	259.71
	[20 rows x 8 columns]								

绘制纵向数据的可视化方法包括：线图、点线图、面积图等。

（1）线图（line chart）

线图也称折线图，它显示的是随时间（根据常用比例设置）而变化的连续数据，非常适用于表现在相同时间间隔下数据的变化趋势。

In	`GDfs.年份=GDfs.年份.astype    #将年份变为字符型`
	`plt.plot(GDfs.年份,GDfs.GDP);`
	`plt.xticks(rotation=45);`

Out	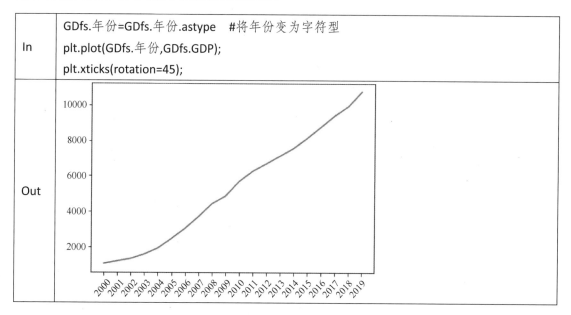

注意，制作时序图最好将横坐标的值设置为时间或字符，否则横坐标是按实数绘制的。如 plt.plot(GDfs.年份.astype(str),GDfs.GDP); 表示将整数型年份转换成字符型。

（2）点线图（point-line chart）

点线图是点图和线图的复合形式。

In	`plt.plot(GDgz.年份,GDgz.GDP,'o-');`
Out	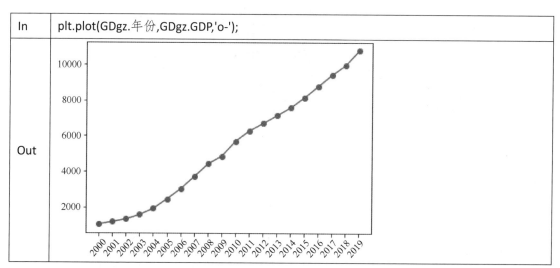

【Excel 的基本操作】

筛选出佛山地区的数据，选中 B 列和 D 列数据，切换到"插入"选项卡，在"图表"组中单击"折线图"按钮，在弹出的列表中，选择二维折线图对应的选项，即可生成折线图，如图 3-2 所示。

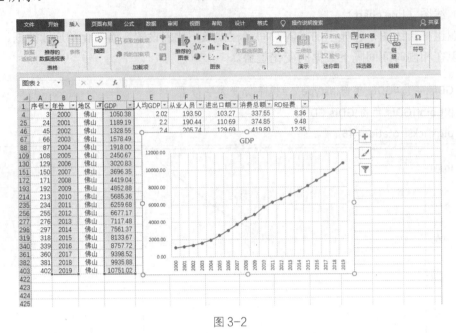

图 3-2

（3）面积图（area chart）

In	plt.stackplot(GDfs.年份,GDfs.GDP);plt.xticks(rotation=45);
Out	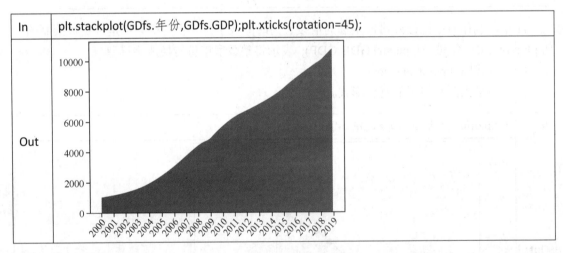

这些图是 Python 默认的形式，比较简单。可以通过设置不同的图形参数来对图形进行调整和优化。

3.1.2　Matplotlib 图形设置

Python 中的绘图函数，基本都有许多参数设置选项，大多数绘图函数的参数是类似的。如 Matplotlib 的绘图函数非常强大，相关的图形参数设置可以通过帮助文档学习。

In	?plt.plot	#?可获得 plt.plot 函数的帮助，等价于 help(plt.plot)
Out	略	

下面列出一些常用的参数。

1. 图形大小设置

用参数 figsize 可设定图形大小。

In	plt.figure(figsize=(10,5)); plt.bar(GD2015.地区,GD2015.人均 GDP);
Out	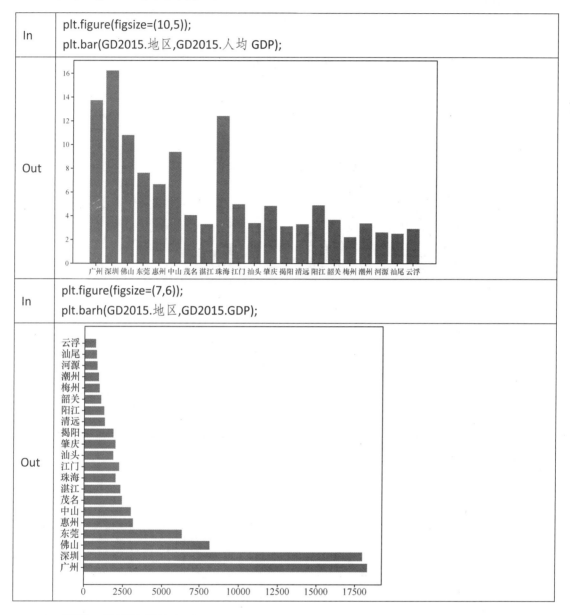
In	plt.figure(figsize=(7,6)); plt.barh(GD2015.地区,GD2015.GDP);
Out	

2. 标题、标签及颜色

在使用 Matplotlib 画坐标图时，往往需要对坐标轴设置很多参数，这些参数涉及横纵坐标轴范围、坐标轴刻度大小、横纵坐标轴名称等。

plt.title：用于设置图形标题和字体大小。

plt.xlabel/plt.ylabel：用于设置横纵坐标轴名称。

plt.xlim/plt.ylim：用于设置横纵坐标轴范围。

color：用于设置图形的颜色，color='red'表示设置为红色。

In	plt.figure(figsize=(9,5)); Colors=['blue','red','green','black','olive','gray','pink'] plt.bar(GD2015.地区,GD2015.人均 GDP,color=Colors); plt.title('2015 年广东地区人均 GDP 比较',fontsize=15); plt.xlabel('地区');plt.ylabel('人均 GDP');plt.ylim(0,20);
Out	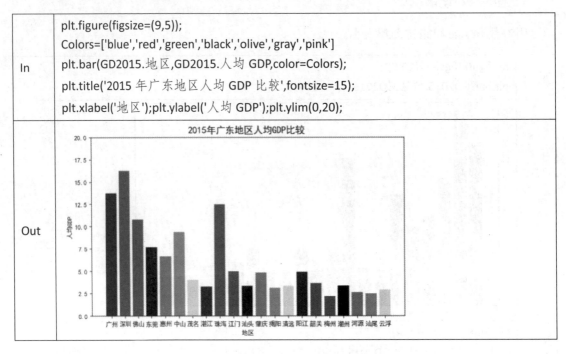

3. 线型和符号

连线的线型：'-' 表示实线，'--' 表示虚线，':' 表示点线。

符号的类型：'.' 表示绘制实心小点，'o' 表示绘制实心大点。

In	plt.plot(GDfs.年份,GDfs.GDP,'o:',GDfs.年份,GDfs.消费总额,'-.'); plt.xticks(rotation=45);
Out	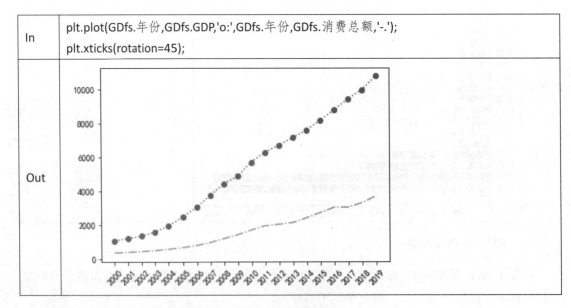

绘制水平线：axhline(y=c)表示在 y=c 处绘制水平线。

绘制垂直线：axvline(x=d)表示在 x=d 处绘制垂直线。

In	plt.plot(GDfs.年份,GDfs.GDP,'o:',GDfs.年份,GDfs.消费总额,'-.');
	plt.xticks(rotation=45);
	plt.axhline(y=5000,ls='--', lw=1);plt.axvline(x=2010,ls='--', lw=1);

Out	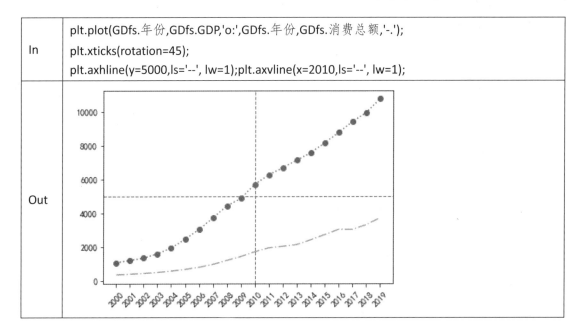

3.2　基于数据框的可视化

3.2.1　基于 pandas 的可视化

1. pandas 的绘图函数

在 pandas 中，数据框有行标签、列标签及分组信息等，即要制作一张完整的图表，原本需要很多行 Matplotlib 代码，现在只需一两条简洁的语句就可以了。pandas 有许多能够利用 DataFrame 对象的数据特点来创建标准图标的高级绘图函数（这些函数的数量还在不断增加）。

基于数据框的
可视化

对于用 DataFrame 绘图，其每列都为一个绘图图线，会将每列作为一个图线绘制到图片中，并用不同的线条颜色及不同的图例标签来表示。其基本格式如下：

```
DataFrame.plot(kind='line')
kind : 图类型
  'line' : (default)#折线图
  'bar':       #垂直条图
  'barh' :     #水平条图
  'pie' :      #饼图
  'hist' :     #直方图
  'box' :      #箱形图
  'kde' :      #核密度估计图, 同 'density'
  'area' :     #面积图
  'scatter' : #散点图
```

这个函数还有另一种写法，即 DataFrame.plot.kind，这里的 kind 即表示图类型名。

要通过 pandas 直接绘图，通常需要将一些属性变量转换成行索引（行名）。

In	help(DataFrame.plot)
Out	Help on class PlotAccessor in module pandas.plotting._core: class PlotAccessor(pandas.core.base.PandasObject) | PlotAccessor(data) | | Make plots of Series or DataFrame. | | Uses the backend specified by the | option "plotting.backend". By default, matplotlib is used. | | Parameters | ---------- | data : Series or DataFrame | The object for which the method is called. | x : label or position, default None | Only used if data is a DataFrame. | y : label, position or list of label, positions, default None | Allows plotting of one column versus another. Only used if data is a | DataFrame. | kind : str | The kind of plot to produce: | | - 'line' : line plot (default) | - 'bar' : vertical bar plot | - 'barh' : horizontal bar plot | - 'hist' : histogram | - 'box' : boxplot | - 'kde' : Kernel Density Estimation plot | - 'density' : same as 'kde' | - 'area' : area plot | - 'pie' : pie plot | - 'scatter' : scatter plot | - 'hexbin' : hexbin plot.

2．pandas 数据框绘图法

（1）横向数据比较图

在固定时间（年份）的情况下，对各地区（区域）的数据进行可视化的直观分析，即对某年广东各地区经济信息进行可视化分析。

DataFrame 可以通过 set_index 设置某一列变量为行索引。

In

```
#取 2018 年的数据，并设置地区为行索引（行名）
GD2018=GD[GD.年份==2018].set_index('地区'); GD2018
```

Out

	年份	GDP	人均 GDP	从业人员	进出口额	消费总额	RD 经费
地区							
广州	2018	22859.35	15.55	896.54	1485.05	9256.19	267.27
深圳	2018	24221.77	18.96	1050.25	4539.22	6168.87	966.75
佛山	2018	9935.88	12.77	440.91	697.71	3287.54	235.17
东莞	2018	8278.59	9.89	667.17	2033.30	2905.61	221.24
惠州	2018	4103.05	8.54	290.33	505.60	1478.97	89.32
...	...	...	...	...	...	...	...
梅州	2018	1110.21	2.54	215.63	20.50	726.49	2.75
潮州	2018	1067.28	4.02	123.43	31.30	588.03	5.68
河源	2018	1006.00	3.25	141.38	40.80	628.72	2.96
汕尾	2018	920.32	3.08	120.76	26.90	609.36	6.83
云浮	2018	849.13	3.37	135.03	16.40	385.07	2.57

[21 rows x 7 columns]

所用的可视化工具包括：条图、饼图、漏斗图、统计地图等。

① 条图。

In

```
GD2018['进出口额'].plot(kind='bar');
```

Out

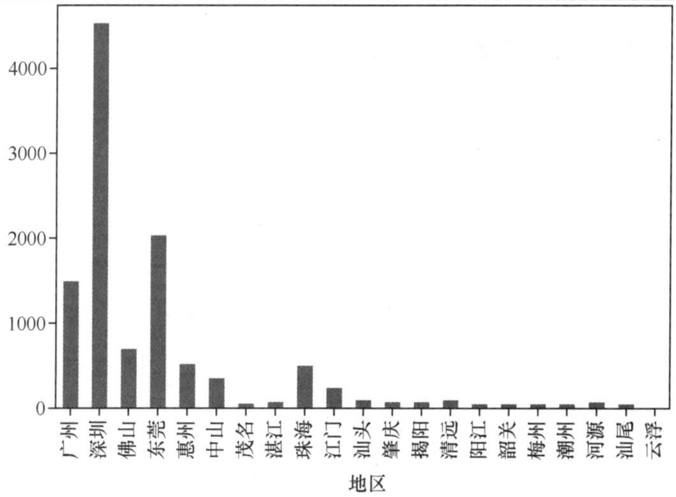

In

```
GD2018[['GDP','消费总额']].plot(kind='bar',figsize=(7,4));
```

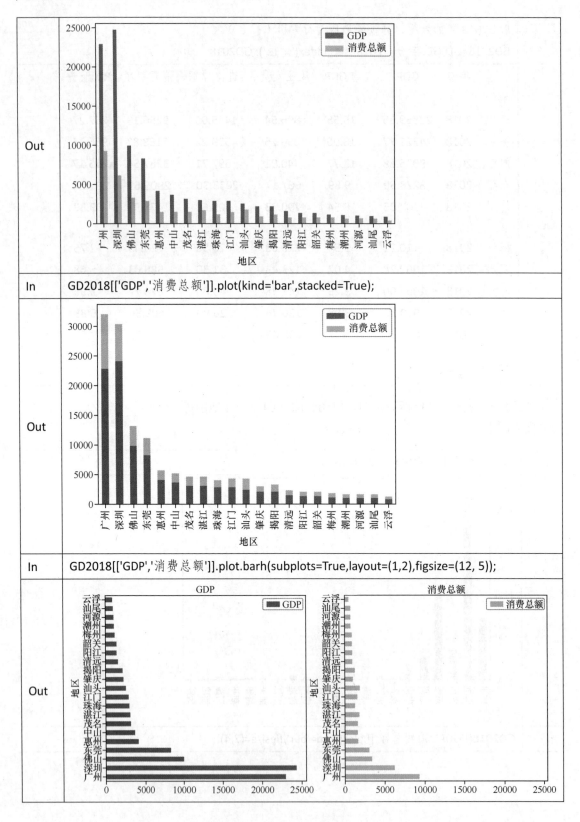

| In | GD2018[['GDP','消费总额']].plot(kind='bar',stacked=True); |

| In | GD2018[['GDP','消费总额']].plot.barh(subplots=True,layout=(1,2),figsize=(12, 5)); |

② 饼图。

In	GD2018['从业人员'].plot(kind='pie',figsize=(8,6));
Out	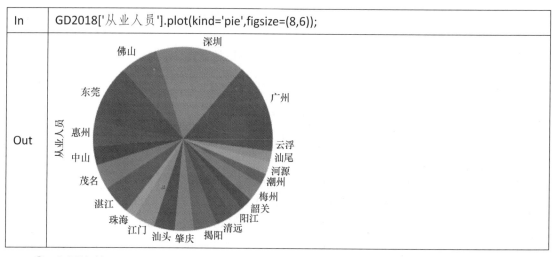

③ 多图比较。

In	GD2018.drop(columns='年份').plot(kind='bar',subplots=True,layout=(3,2),figsize=(10,10));
Out	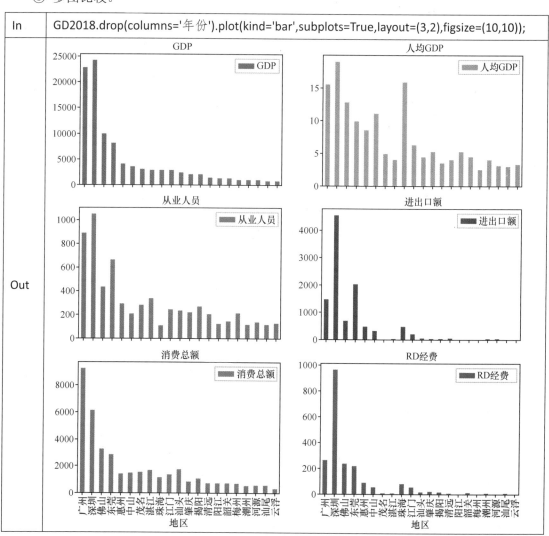

（2）纵向数据比较图

在固定空间（地区）的情况下，对各时段（年份）的数据进行可视化的直观分析，即对深圳年 2000—2019 年的经济数据进行可视化分析。

所用的可视化工具包括：线图、面积图、极坐标图等。

In	#取深圳数据，将年份设置为行索引
	GDsz=GD[GD.地区 =='深圳'].set_index('年份'); GDsz						

		地区	GDP	人均 GDP	从业人员	进出口额	消费总额	RD 经费
Out	年份							
	2000	深圳	2187.45	3.28	308.50	639.40	735.02	48.12
	2001	深圳	2482.49	3.48	332.80	686.11	609.30	49.92
	2002	深圳	2969.52	4.04	359.30	872.31	689.59	51.04
	2003	深圳	3585.72	4.70	422.29	1173.99	801.77	61.54
	2004	深圳	4282.14	5.42	456.08	1472.83	915.45	78.82
	...	...	...	...	...	...	...	...
	2015	深圳	18014.07	16.26	906.14	4424.59	5017.84	672.65
	2016	深圳	20079.70	17.25	926.38	3984.39	5512.76	760.03
	2017	深圳	22490.06	18.35	943.29	4141.46	5735.23	841.10
	2018	深圳	24221.77	18.96	1050.25	4539.22	6168.87	966.75
	2019	深圳	26927.09	20.35	1283.37	4315.70	9144.46	1049.92
	[20 rows x 7 columns]							

① 线图。

In	GDsz.index=GDsz.index.astype(str)　　　#将索引转换为字符年份 GDsz['人均 GDP'].plot();　　#默认为绘制线图，即 kind='line'
Out	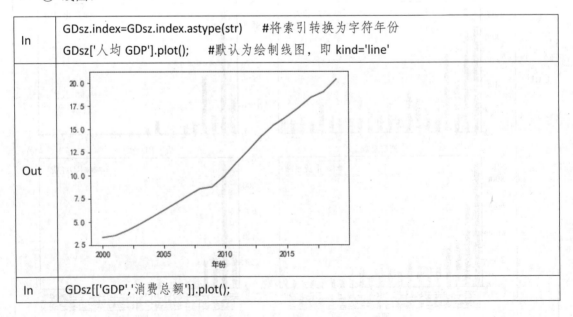
In	GDsz[['GDP','消费总额']].plot();

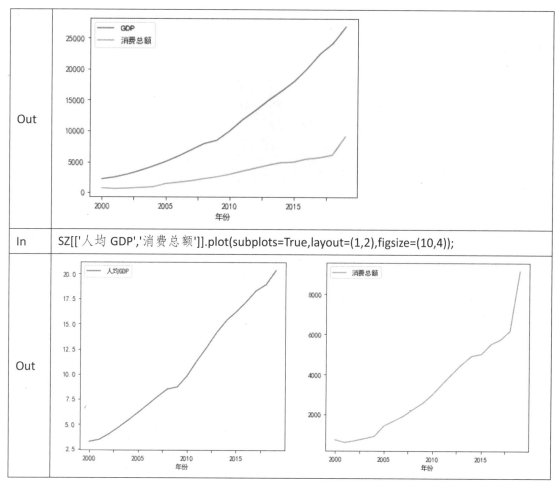

Out	
In	SZ[['人均 GDP','消费总额']].plot(subplots=True,layout=(1,2),figsize=(10,4));
Out	

② 面积图。

In	GDsz['人均 GDP'].plot(kind='area');
Out	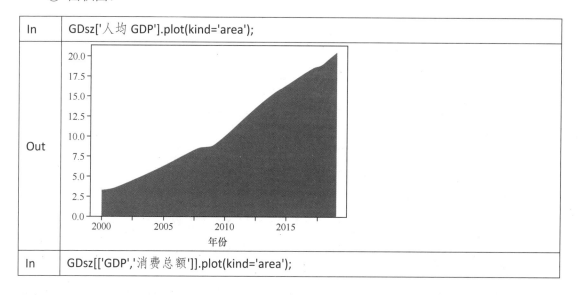
In	GDsz[['GDP','消费总额']].plot(kind='area');

| Out | 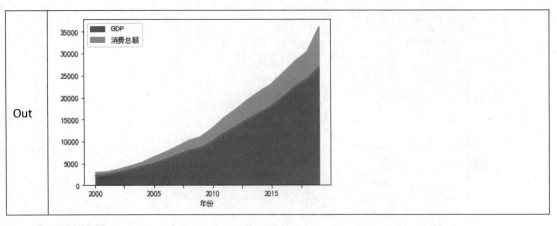 |

③ 多图比较。

| In | GDsz.drop(columns='地区').plot(subplots=True,layout=(3,2),figsize=(10,10)); |
| Out | 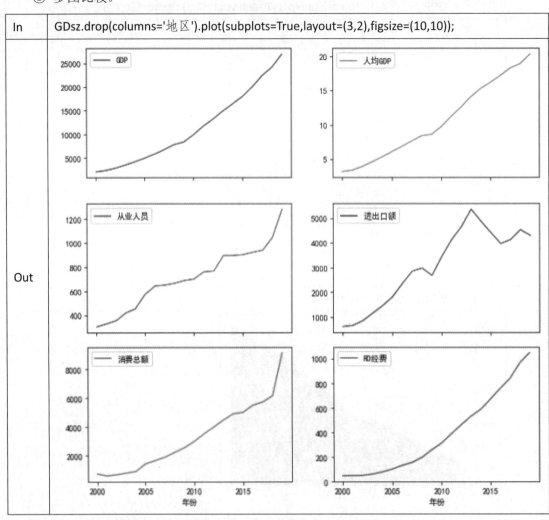 |

3．选取面板数据

面板数据可以看作横向数据和纵向数据的集合。面板数据的可视化即横向数据可视化和纵向数据可视化的组合。

① 面板数据的横向比较：可一次选取多个年份和多个地区的某指标进行横向比较。

In	Pdata=GD[(GD.年份.isin([2010,2015,2019]))&(GD.地区.isin(['广州','深圳','珠海']))];Pdata

Out								
	年份	地区	GDP	人均GDP	从业人员	进出口额	消费总额	RD经费
序号								
211	2010	广州	10859.29	8.84	789.11	1037.68	4500.28	118.77
212	2010	深圳	10002.22	9.84	705.17	3467.49	3000.76	313.79
221	2010	珠海	1202.60	7.79	105.36	434.80	486.03	20.31
316	2015	广州	18313.80	13.78	810.99	1338.68	7987.96	209.56
317	2015	深圳	18014.07	16.26	906.14	4424.59	5017.84	672.65
325	2015	珠海	2025.41	12.47	108.92	476.37	915.20	43.40
400	2019	广州	23628.60	15.64	1125.89	1450.54	9551.57	286.24
401	2019	深圳	26927.09	20.35	1283.37	4315.70	9144.46	1049.92
408	2019	珠海	3435.89	17.55	161.17	422.15	996.30	93.33

In	Pdata.pivot('地区','年份','GDP').plot(kind='bar');

Out	

In	Pdata.pivot('地区','年份','GDP').plot(kind='barh',subplots=True,layout=(1,3), figsize=(14,4),legend=False);

Out	

② 面板数据的纵向比较：可一次选取多个年份和多个地区的某指标进行纵向比较。

In	Pdata.pivot('年份','地区','GDP').plot(kind='bar');
Out	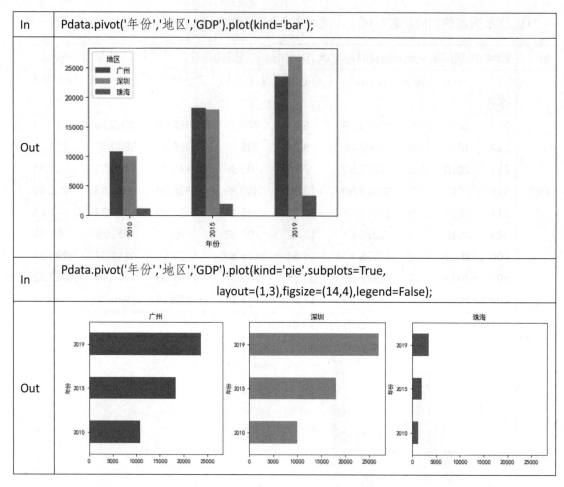
In	Pdata.pivot('年份','地区','GDP').plot(kind='pie',subplots=True, layout=(1,3),figsize=(14,4),legend=False);
Out	

3.2.2　基于 cufflinks 的可视化

1. 关于 cufflinks 绘图包

在 Python 的可视化的工具中，有很多优秀的第三方包，比如 Matplotlib、seaborn、Plotly、Bokeh、pyecharts 等。这些可视化包都有自己的特点，实际应用广泛。结合 Jupyter Notebook 可以非常灵活、方便地展现分析后的结果。下面给大家介绍一个使用起来非常方便的绘图包 cufflinks，它也可以用于较完美的可视化数据，跟使用 pandas 绘图相比，通常只需将 plot 改为 iplot。

cufflinks 在 Plotly 的基础上做了进一步的包装，方法统一，参数配置简单。另外它还可以结合 pandas 的 DataFrame 进行随意、灵活的画图。可以把它形容为"pandas like visualization"。但目前 cufflinks 只能在 Jupyter Notebook 中使用！

使用 cufflinks 画各种炫酷的可视化图形，通常只需一行代码，效率非常高，同时也降低了使用的门槛。

（1）安装

cufflinks 在 Jupyter 中的安装代码如下。

In	!pip install cufflinks

也可在命令行上安装：pip install cufflinks。

（2）调用

In	import cufflinks as cf

（3）帮助

In	cf.help()

Out	Use 'cufflinks.help(figure)' to see the list of available parameters for the given figure.
	Use 'DataFrame.iplot(kind=figure)' to plot the respective figure
	Figures:
	  bar
	  box
	  bubble
	  bubble3d
	  candle
	  choroplet
	  distplot
	  heatmap
	  histogram
	  ohlc
	  pie
	  ratio
	  scatter
	  scatter3d
	  scattergeo
	  spread
	  surface
	  violin

可以看出，cufflinks 可以绘制十几种常用的统计图，包括股票图（ohlc）和三维图的散点图（scatter3d）等，其能绘的图比 pandas 的还丰富。

下面是 cufflinks 基于数据框的绘图函数。

```
DataFrame.iplot(kind='line')
kind : 图类型
'line' : (default)#折线图
'bar':      #垂直条图
'barh' :    #水平条图
'box' :     #箱形图
'pie' :     #饼图
'hist' :    #直方图
'scatter' : #散点图
```

（4）设置

In	cf.set_config_file(offline=True,theme='white') #设置本地绘图及背景为白色

2. cufflinks 数据框绘图法

（1）横向数据比较图

在固定时间（年份）的情况下，对各地区（区域）的数据进行可视化的直观分析，即对 2008 年广东各地区经济数据进行可视化分析。

所用的可视化方法包括：条图、饼图、漏斗图、统计地图等。

① 条图。

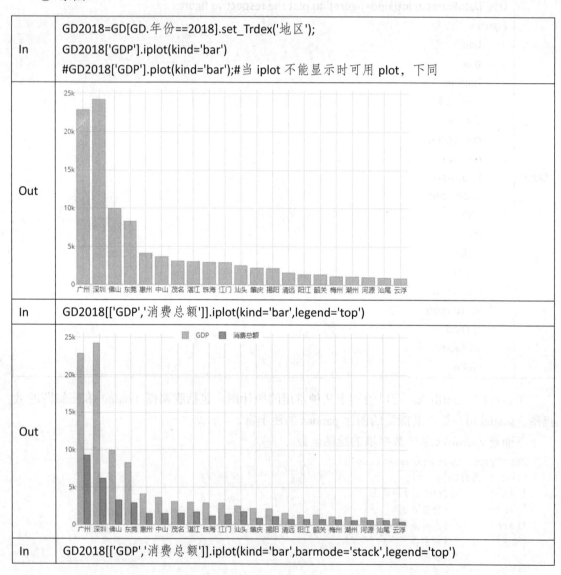

In	GD2018=GD[GD.年份==2018].set_Trdex('地区'); GD2018['GDP'].iplot(kind='bar') #GD2018['GDP'].plot(kind='bar');#当 iplot 不能显示时可用 plot，下同
Out	
In	GD2018[['GDP','消费总额']].iplot(kind='bar',legend='top')
Out	
In	GD2018[['GDP','消费总额']].iplot(kind='bar',barmode='stack',legend='top')

Out	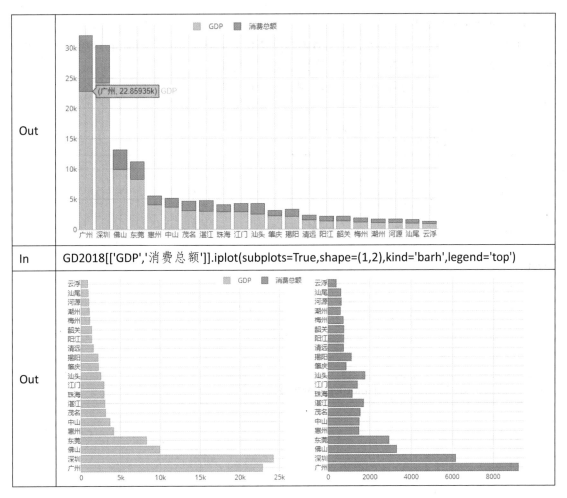
In	GD2018[['GDP','消费总额']].iplot(subplots=True,shape=(1,2),kind='barh',legend='top')

② 多图比较。

In	GD2018.drop(columns='年份').iplot(kind='bar',subplots=True,shape=(3,2));
Out	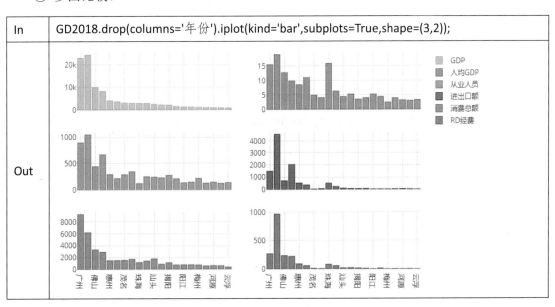

（2）纵向数据比较图

在固定空间（地区）的情况下，对各时段（年份）的数据进行可视化的直观分析，即对珠三角 9 个地区 2000 年—2019 年的经济数据进行可视化分析。

所用的可视化工具包括：线图、面积图、极坐标图等。

① 线图。

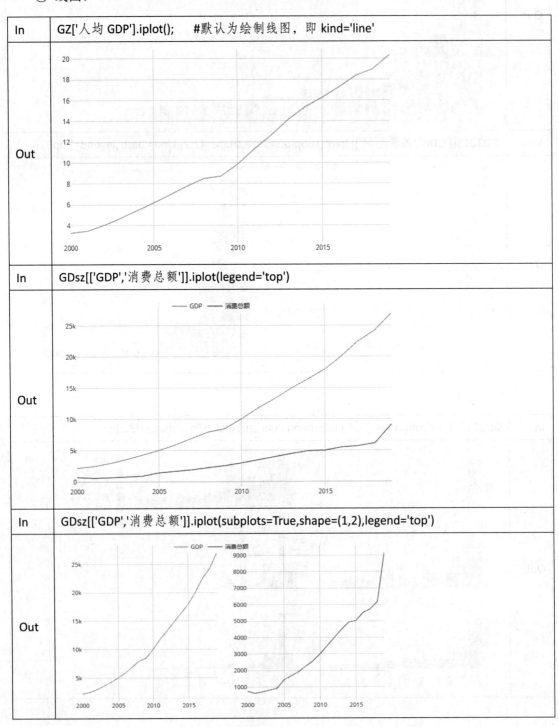

② 面积图。

In	GZ['人均 GDP'].iplot(fill=True)　#面积图
Out	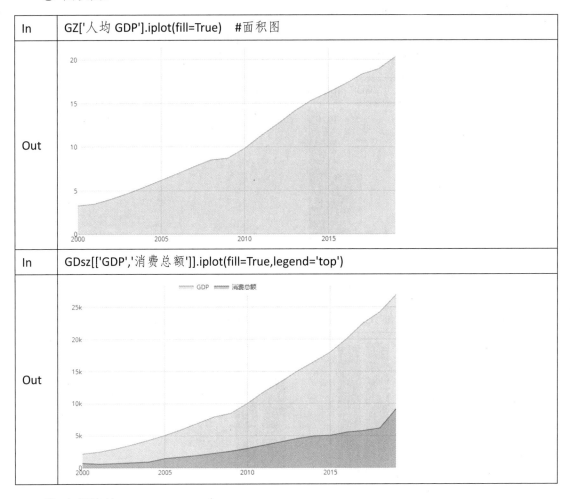
In	GDsz[['GDP','消费总额']].iplot(fill=True,legend='top')
Out	

③ 多图比较。

In	GDsz.drop(columns='地区').iplot(subplots=True,shape=(3,2));
Out	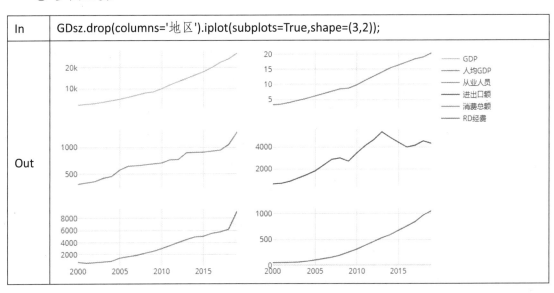

（3）面板数据比较图

面板数据的可视化即横向数据可视化和纵向数据可视化的组合。

面板数据的横向比较：可一次选取多个年份和多个地区的某指标进行横向比较。

注：下面的图中纵坐标的 k 表示为千元，由计算机自动输出。

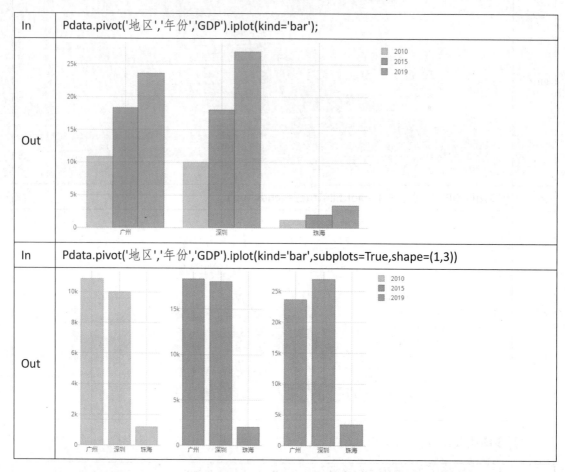

| In | Pdata.pivot('地区','年份','GDP').iplot(kind='bar'); |
| In | Pdata.pivot('地区','年份','GDP').iplot(kind='bar',subplots=True,shape=(1,3)) |

面板数据的纵向比较：可一次选取多个年份和多个地区的某指标进行纵向比较。

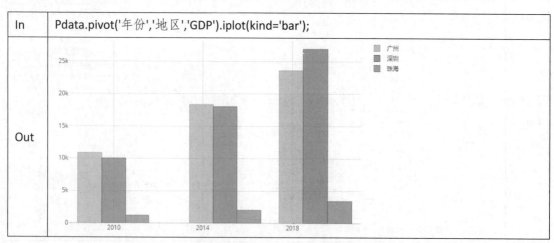

| In | Pdata.pivot('年份','地区','GDP').iplot(kind='bar'); |

In	Pdata.pivot('年份','地区','GDP').iplot(kind='bar',subplots=True,shape=(1,3))
Out	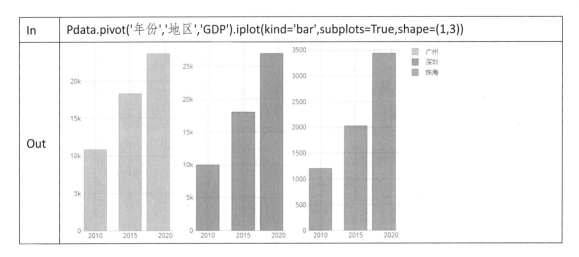

练习题 3

一、选择题

1. 以下哪个选项可以用于创建一个范围为(0,1)，长度为 12 的等差数列_____。

    A．np.linspace(0,1,12)　　　　　　B．np.random(0,1,12)

    C．np.linspace(0,12,1)　　　　　　D．np.randint(0,12,1)

2. 下面语句中的 pyplot 的含义是_____。

```
import matplotlib.pyplot as plt
```

    A．Matplotlib 的类　　　　　　　　B．Matplotlib 的子函数

    C．Matplotlib 的方法　　　　　　　D．Matplotlib 的子库

3. 使用下面哪个函数可以给坐标系增加横轴标签_____。

    A．plt.label(y,'标签')　　　　　　　B．plt.label(x,'标签')

    C．plt.xlabel('标签')　　　　　　　D．plt.ylabel('标签')

4. 若要指定当前图形的横轴范围，以下选项正确的是_____。

    A．plt.xlim　　　　B．plt.ylim　　　　C．plt.xlabel　　　　D．plt.ylabel

5. 以下哪个选项表示添加图例_____。

    A．plt.legend　　　B．plt.title　　　　C．plt.show　　　　D．plt.figure

6. 一般说，numpy-matplotlib-pandas 是数据分析和展示的一条学习路径，哪个是对这三个库不正确的说明_____。

    A．pandas 仅支持一维和二维数据分析，多维数据分析要用 numpy

    B．matplotlib 支持多种数据展示，使用 pyplot 子库即可

    C．numpy 底层采用 C 实现，因此，运行速度很快

    D．pandas 也包含一些数据展示函数，可不用 matplotlib

二、计算题

1. 对一组 50 人的喜爱水果情况进行调查，把调查者按喜爱苹果（1）、喜爱草莓（2）、

喜爱蓝莓（3）、喜爱香蕉（4）分成4类。调查数据如下：3，4，1，1，3，4，3，3，1，3，2，1，2，1，3，4，1，1，3，4，3，3，1，3，2， 1，2，1，2，3，2，3，1，1，1，1，4，3，1，2，3，2，3，1，1，1，1，4，3，1。

请用 Matplotlib、pandas 和 cufflinks 绘制频数分布和统计图。

2．economics 数据集[①]给出了美国经济增长变化的数据。该数据是数据框格式的，由478行和6个变量组成，变量如下。

date：日期，单位为月份。

psavert：个人存款率。

pce：个人消费支出，单位为美元。

unemploy：失业人数，单位为人。

unempmed：失业时间中位数，单位为周。

pop：人口数，单位为人。

请用 Matplotlib、pandas 和 cufflinks 绘图。

（1）以 date 为横坐标，以 unemploy/pop 为纵坐标绘制折线图。

（2）以 date 为横坐标，以 unempmed 为纵坐标绘制折线图。

---

①
```
#!pip install pydataset                    #安装 Python 数据包
from pydataset import data                 #加载数据包
data()                                     #查看可用的数据表
economics = data('economics')              #调用数据表
data('economics',show_doc=True)            #显示数据表的属性
```

第 4 章　数据挖掘基础及可视化

所谓数据挖掘，是指从大量数据中揭示出隐含的、先前未知的并有潜在价值的信息的"非平凡过程"。数据挖掘是一种决策支持过程，它主要基于人工智能、机器学习、模式识别、统计学、数据库、可视化技术等，实现高度自动化地分析企业的数据，做出归纳性的推理，从中挖掘出潜在的模式，以帮助决策者调整市场策略、降低风险、做出正确的决策。本章会介绍一些简单的数据挖掘方法，为读者进一步学习数据分析和统计建模打下基础。另外，在进行任何数据统计分析之前，都需要对数据进行探索性分析，以了解资料的性质和数据的特点。

4.1　数据的透视分析

在 2.2.3 小节我们介绍了数据透视函数 pivot，其主要用于数据的重构，没有统计计算的功能，下面我们介绍的透视表方法不仅有数据透视的功能，还有数据的透视分析功能，数据透视分析是进行数据挖掘的基础。本节将介绍使用 pandas 中强大的分类函数 pivot_table 对数据进行透视分析，其作用类似于 Excel 等电子表格的透视分析功能。

数据的透视分析

4.1.1　透视表的构建

pandas 有一个强大的数据透视函数 pivot_table，可以用于生成任意维度的透视表。它既可以用于进行数据重塑，也可以用于进行分组统计，还可以实现 Excel 等电子表格的透视表功能，且使用起来更为灵活。

In	?df.pivot_table
Out	Signature: df.pivot_table(　　values=None, 　　index=None, 　　columns=None, 　　aggfunc='mean', 　　fill_value=None, 　　margins=False, 　　dropna=True, 　　margins_name='All', 　　observed=False,) -> 'DataFrame'

pivot_table 有 4 个非常重要的参数，即 values（值）、index（行）、columns（列）、aggfunc（聚集函数，默认为求均值），后文会以这 4 个参数为中心讲解 pivot_table 是如何使用的。

1．无筛选透视表

（1）纵向数据

下面是用 pandas 的 pivot_table 函数实现与 Excel 类似的透视功能的代码。注意，如果不改变函数中参数的顺序的话，也可以不写参数名，只写变量名。

In	`pt1=GD.pivot_table(values='GDP',index='年份')  #各年度 GDP 的平均水平`
	`#pt1=GD.pivot_table('GDP','年份')    #不改变函数中参数的顺序则可不写参数名，下同`
	`pt1`

Out	``` GDP 年份 2000 534.040 2001 597.375 2002 674.170 2003 787.184 2004 933.001 ... ... 2015 3791.325 2016 4118.540 2017 4498.802 2018 4810.749 2019 5127.193 [20 rows x 1 columns] ```
In	`pt1.index=pt1.index.astype(str)   #将数值转换为年份` `pt1.plot()   #pt1.iplot()`
Out	

【Excel 的基本操作】

① 在 DAV_data.xlsx 文档中选中"数据"工作表，选中其中的任意一个单元格，单击"插入"选项卡，再单击"表格"组中的"数据透视图"下拉按钮，将弹出图 4-1 所示的"创建数据透视图"对话框。

图 4-1

② 在新工作表的右边将出现"数据透视表字段"面板。勾选字段"年份"和"GDP"，其中"GDP"取平均值项、"年份"作为行标签，这时数据透视表会即时显示相应的结果，如图 4-2 所示。

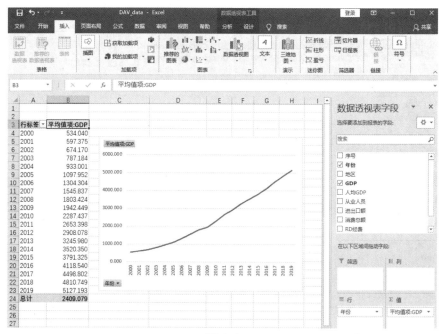

图 4-2

③ 选中 A 列的行标签数据和 B 列的平均值项：GDP 数据，在"插入"选项卡中选择"图表"组中的"折线图"下拉按钮，将绘制上图所示的折线图。

（2）横向数据

In	#各地区'GDP','消费总额'平均水平（按'GDP'排序）
	pt2=GD.pivot_table(['GDP','消费总额'],'地区').sort_values('GDP')
	pt2

Out	GDP　　消费总额 地区 云浮　　440.752　　173.264 汕尾　　483.038　　307.694 河源　　501.728　　237.676 潮州　　578.451　　264.243 梅州　　615.768　　334.644 ...　　...　　... 惠州　　1954.415　　677.487 东莞　　4290.305　　1333.397 佛山　　5289.113　　1649.795 深圳　　11405.349　　3256.393 广州　　11436.687　　4687.416 [21 rows x 2 columns]
In	pt2.iplot(kind='barh')　　#pt2.plot(kind='barh')
Out	

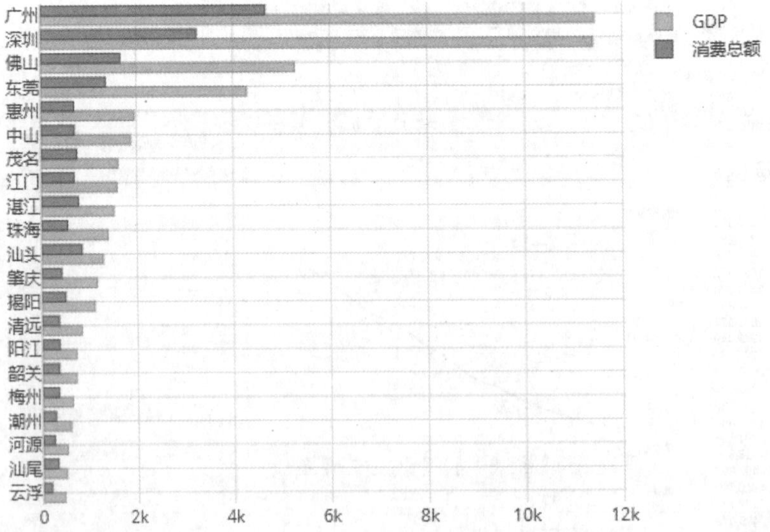

（3）数据重塑

In	pt3=GD.pivot_table('人均 GDP','年份','地区')　#各年度各地区人均 GDP pt3
Out	地区　　东莞　　中山　　云浮　　佛山　 ...　 肇庆　　茂名　　阳江　　韶关 年份　　　　　　　　　　　　　　　　 ... 2000　 1.36　 1.51　 0.64　 2.02　 ...　 0.74　 0.80　 0.74　 0.70 2001　 1.53　 1.70　 0.65　 2.20　 ...　 0.78　 0.91　 0.79　 0.77 2002　 1.82　 1.96　 0.66　 2.40　 ...　 0.84　 0.98　 0.86　 0.83 2003　 2.22　 2.37　 0.71　 2.82　 ...　 0.93　 1.10　 0.95　 0.93 2004　 2.76　 2.91　 0.81　 3.37　 ...　 1.08　 1.20　 1.10　 1.06 ...　　 ...　　 ...　　 ...　　 ...　 ...　 ... 2015　 7.68　 9.40　 2.91　 10.83　...　 4.87　 4.06　 4.93　 3.65 2016　 8.40　 9.95　 3.15　 11.59　...　 5.12　 4.36　 4.98　 3.85 2017　 9.13　 10.57　3.22　 12.43　...　 5.15　 4.71　 5.17　 4.20 2018　 9.89　 11.06　3.37　 12.77　...　 5.33　 4.94　 5.30　 4.50 2019　 11.25　9.27　 3.64　 13.38　...　 5.39　 5.11　 5.04　 4.37 [20 rows x 21 columns]

【Excel 的基本操作】

由于这里获得的数据即原始数据，所以结果跟使用 pivot 的一致。

下面介绍的是采用 Excel 的透视表功能选择交叉分组数据。

在新工作表的右边的"数据透视表字段"面板中勾选字段"年份""地区""人均 GDP"，其中"人均 GDP"取平均值项、"年份"作为行标签，"地区"作为列标签，这时数据透视表会即时显示相应的结果，如图 4-3 所示。

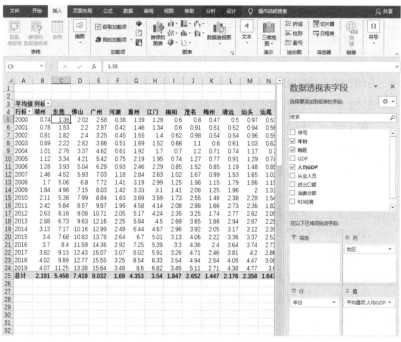

图 4-3

2．有筛选透视表

有筛选透视表相当于 Excel 中的带分页的透视表。

（1）横向数据

In	#构建 2019 年广东省 21 个地区"人均 GDP"单变量数据框
	GD[GD.年份==2019].pivot_table(index='地区',values='人均 GDP')

Out	人均 GDP 地区 东莞　　11.25 中山　　 9.27 云浮　　 3.64 佛山　　13.38 广州　　15.64 ...　　　 ... 珠海　　17.55 肇庆　　 5.39 茂名　　 5.11 阳江　　 5.04 韶关　　 4.37 [21 rows x 1 columns]

In	#构建 2019 年广东省 21 个地区"GDP"和"消费总额"两变量数据框
	GD[GD.年份==2019].pivot_table(['GDP','消费总额'],'地区')

Out	GDP　　消费总额 地区 东莞　 9482.50　　4003.89 中山　 3101.10　　1617.09 云浮　　921.96　　 360.69 佛山　10751.02　　3685.27 广州　23628.60　　9551.57 ...　　　...　　　　... 珠海　 3435.89　　 996.30 肇庆　 2248.80　　1107.52 茂名　 3252.34　　1440.68 阳江　 1292.18　　 502.25 韶关　 1318.41　　 477.55 [21 rows x 2 columns]

（2）纵向数据

In	#构建 2000 年—2019 年广东省 21 个地区"RD 经费"单变量数据框
	print(GD[GD.地区=='广州'].pivot_table('RD 经费','年份'))

Out	``` RD 经费 年份 2000 32.72 2001 13.56 2002 14.23 2003 15.25 2004 15.79 ... ... 2015 209.56 2016 228.89 2017 254.86 2018 267.27 2019 286.24 [20 rows x 1 columns] ```

In	#构建广州 2000 年—2019 年 20 年的"进出口额""消费总额""RD 经费"三变量数据框
	print(GD[GD.地区=='广州'].pivot_table(['进出口额','消费总额','RD 经费'],'年份'))

Out	``` RD 经费 消费总额 进出口额 年份 2000 32.72 1121.13 233.51 2001 13.56 1243.90 230.37 2002 14.23 1370.68 279.27 2003 15.25 1494.28 349.41 2004 15.79 1675.05 447.88 ... ... 2015 209.56 7987.96 1338.68 2016 228.89 8706.49 1293.09 2017 254.86 8598.64 1432.50 2018 267.27 9256.19 1485.05 2019 286.24 9551.57 1450.54 [20 rows x 3 columns] ```

【Excel 的基本操作】

在新工作表的右边的"数据透视表字段"面板中勾选字段"年份""地区""进出口额""消费总额""RD 经费"，其中"进出口额""消费总额""RD 经费"取平均值项，"年份"作为行标签，"地区"作为筛选标签，这时数据透视表会即时显示相应的结果，如图 4-4 所示。

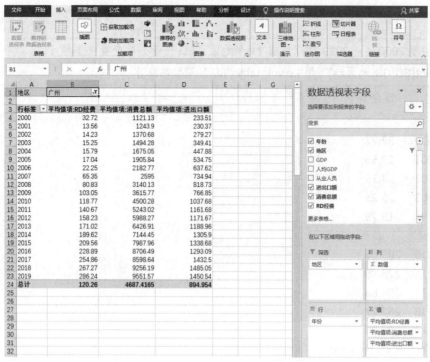

图 4-4

3．透视表的分析

（1）单变量统计

下面介绍应用透视表对单个变量求其基本统计量。

In	珠三角=['广州','深圳','珠海','佛山','惠州','东莞','中山','江门','肇庆']; ZSJ=GD[(GD.年份>=2010)&(GD.地区.isin(珠三角))];ZSJ
Out	<table><tr><td></td><td>年份</td><td>地区</td><td>GDP</td><td>人均 GDP</td><td>从业人员</td><td>进出口额</td><td>消费总额</td><td>RD 经费</td></tr><tr><td>序号</td><td></td><td></td><td></td><td></td><td></td><td></td><td></td><td></td></tr><tr><td>211</td><td>2010</td><td>广州</td><td>10859.29</td><td>8.84</td><td>789.11</td><td>1037.68</td><td>4500.28</td><td>118.77</td></tr><tr><td>212</td><td>2010</td><td>深圳</td><td>10002.22</td><td>9.84</td><td>705.17</td><td>3467.49</td><td>3000.76</td><td>313.79</td></tr><tr><td>213</td><td>2010</td><td>佛山</td><td>5685.36</td><td>7.99</td><td>381.11</td><td>516.55</td><td>1687.13</td><td>92.22</td></tr><tr><td>214</td><td>2010</td><td>东莞</td><td>4246.30</td><td>5.36</td><td>438.52</td><td>1213.38</td><td>1108.06</td><td>49.51</td></tr><tr><td>216</td><td>2010</td><td>惠州</td><td>1741.93</td><td>3.89</td><td>255.44</td><td>342.35</td><td>582.53</td><td>17.60</td></tr><tr><td>...</td><td>...</td><td>...</td><td>...</td><td>...</td><td>...</td><td>...</td><td>...</td><td>...</td></tr><tr><td>404</td><td>2019</td><td>惠州</td><td>4177.41</td><td>8.60</td><td>318.29</td><td>393.60</td><td>1924.55</td><td>99.78</td></tr><tr><td>405</td><td>2019</td><td>中山</td><td>3101.10</td><td>9.27</td><td>237.21</td><td>346.75</td><td>1617.09</td><td>59.66</td></tr><tr><td>408</td><td>2019</td><td>珠海</td><td>3435.89</td><td>17.55</td><td>161.17</td><td>422.15</td><td>996.30</td><td>93.33</td></tr><tr><td>409</td><td>2019</td><td>江门</td><td>3146.64</td><td>6.82</td><td>272.27</td><td>206.89</td><td>1206.96</td><td>65.07</td></tr><tr><td>411</td><td>2019</td><td>肇庆</td><td>2248.80</td><td>5.39</td><td>231.64</td><td>58.66</td><td>1107.52</td><td>23.35</td></tr></table> [90 rows x 8 columns]

In	ZSJ.pivot_table('GDP','地区',aggfunc=[np.size,np.min,np.max,np.mean,np.std])				
	size GDP	amin GDP	amax GDP	mean GDP	std GDP
	地区				
	东莞 10.0	4246.30	9482.50	6410.536	1660.030
	中山 10.0	1877.87	3632.70	2861.074	548.217
	佛山 10.0	5685.36	10751.02	8027.787	1665.442
Out	广州 10.0	10859.29	23628.60	17576.651	4406.989
	惠州 10.0	1741.93	4177.41	3078.195	833.608
	江门 10.0	1581.52	3146.64	2289.737	499.983
	深圳 10.0	10002.22	26927.09	17829.075	5561.228
	珠海 10.0	1202.60	3435.89	2090.858	722.210
	肇庆 10.0	1094.06	2248.80	1809.725	396.509

【Excel 的基本操作】

在新工作表的右边的"数据透视表字段"面板中勾选字段"年份""地区""GDP",其中"GDP"选取 5 次,分别设置值字段计算类型为"计数""最小值""最大值""平均值""标准偏差","地区"作为行标签,"年份"作为筛选标签,这时数据透视表会即时显示相应的结果,如图 4-5 所示。

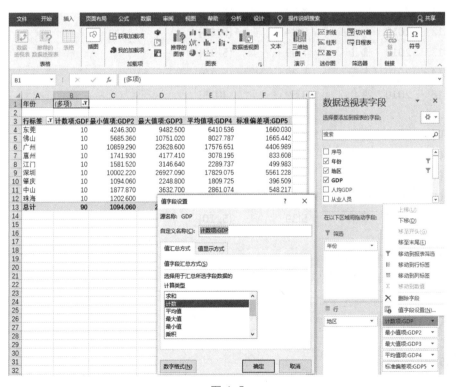

图 4-5

75

In	GD.pivot_table('GDP','年份',aggfunc=[len,np.min,np.max,np.mean,np.std])				
		size	amin	amax	mean	std
		GDP	GDP	GDP	GDP	GDP
	年份					
	2010	9.0	1094.06	10859.29	4254.572	3826.154
	2011	9.0	1337.38	12562.12	4921.732	4435.938
	2012	9.0	1477.78	13697.91	5386.133	4919.958
Out	2013	9.0	1662.38	15663.48	6016.711	5593.204
	2014	9.0	1857.32	16896.62	6510.669	6084.102
	2015	9.0	1984.02	18313.80	7037.880	6647.303
	2016	9.0	2100.64	20079.70	7658.846	7313.280
	2017	9.0	2110.01	22490.06	8412.239	8080.866
	2018	9.0	2201.80	24221.77	9005.366	8648.836
	2019	9.0	2248.80	26927.09	9655.450	9378.587

（2）分组变量统计

In	#将人均 GDP 分组，构建用于分类统计的数据框
	CGDP=DataFrame({'年份':ZSJ.年份,'地区':ZSJ.地区,'人均 GDP':ZSJ.人均 GDP,
	　　　　'人均 GDP 分组':pd.cut(ZSJ.人均 GDP,bins=[0,5,10,15,25])}); CGDP

		年份	地区	人均 GDP	人均 GDP 分组
	序号				
	211	2010	广州	8.84	(5, 10]
	212	2010	深圳	9.84	(5, 10]
	213	2010	佛山	7.99	(5, 10]
	214	2010	东莞	5.36	(5, 10]
	216	2010	惠州	3.89	(0, 5]
Out	...	...	...	...	...
	404	2019	惠州	8.60	(5, 10]
	405	2019	中山	9.27	(5, 10]
	408	2019	珠海	17.55	(15, 25]
	409	2019	江门	6.82	(5, 10]
	411	2019	肇庆	5.39	(5, 10]
	[90 rows x 4 columns]				

In	CGDP.pivot_table('地区','人均 GDP 分组',aggfunc=len)

		地区
	人均 GDP 分组	
	(0, 5]	13
Out	(5, 10]	44
	(10, 15]	21
	(15, 25]	12

In	CGDP.pivot_table('年份','地区','人均 GDP 分组',aggfunc=len, fill_value='-',margins=True,margins_name='合计')
Out	人均 GDP 分组 (0, 5] (5, 10] (10, 15] (15, 25] 合计 地区 东莞 - 9 1 - 10 中山 - 8 2 - 10 佛山 - 4 6 - 10 广州 - 2 5 3 10 惠州 2 8 - - 10 江门 5 5 - - 10 深圳 - 1 3 6 10 珠海 - 3 4 3 10 肇庆 6 4 - - 10 合计 13 44 21 12 90

4.1.2 透视图的绘制

透视图即为对透视表的结果绘制相应的统计图，所以透视图的绘制通常是在透视表的基础上进行。

In	CGDP.pivot_table('地区','人均 GDP 分组',aggfunc=len).plot(kind='bar', ylim=(0,50),legend=False);
Out	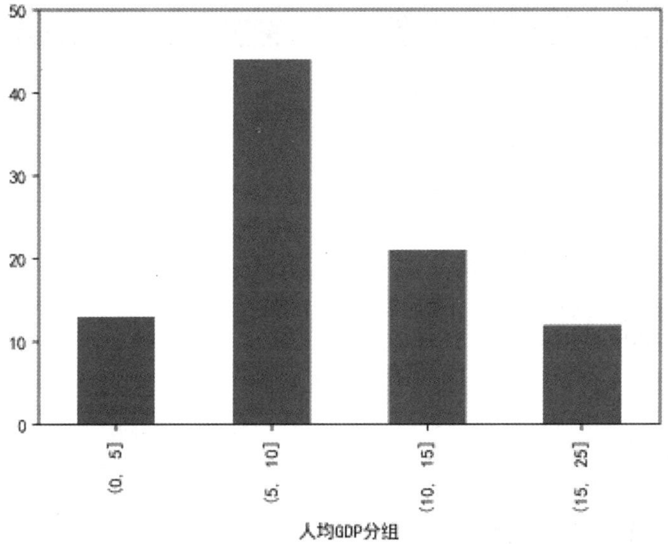
In	ZSJ.pivot_table('GDP','年份',aggfunc=np.mean).plot(legend=False,grid=True);

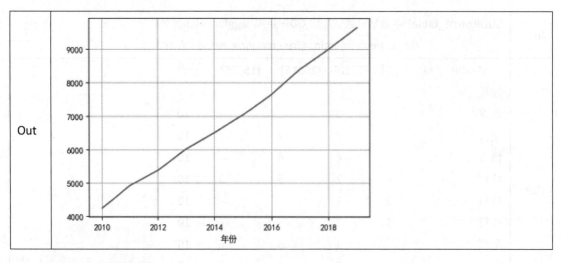

【Excel 的基本操作】

① 选中"数据"工作表中的任意一个单元格，单击"插入"选项卡，单击"表格"组中的"数据透视图"下拉按钮，构建透视表的工作表。

② 在工作表的右边将出现"数据透视表字段"面板。"年份"勾选字段"年份""地区""GDP"，其中"GDP"作为求和项、"年份"作为列标签、"地区"作为行标签。

③ 在透视表的行标签中选取广州、深圳、珠海 3 个地区，在透视表的列标签中选取2010、2015、2019 3 个时段，形成图 4-6 所示的结果。

④ 选中 B4:D7 单元格区域，切换到"插入"选项卡，在"图表"组中单击"柱形图"按钮，在弹出的列表中，选择二维柱形图对应的选项，即可生成二维柱形图，如图 4-6 所示。

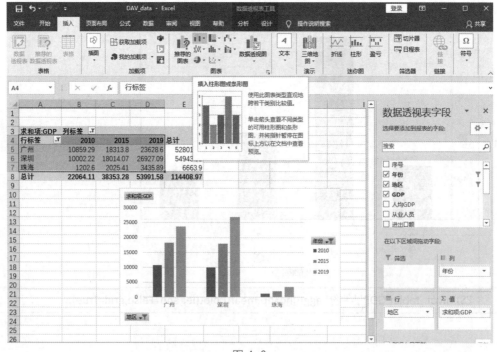

图 4-6

4.2　探索性数据分析

探索性数据分析也是数据挖掘的基础。当面对一组陌生的数据时，探索性统计分析有助于我们掌握数据的基本情况。探索性数据分析是指通过分析数据集以决定选择哪种方法进行统计推断会更适合的过程。对于一维数据，需分析它们是否近似地服从正态分布，是否呈现拖尾或截尾分布？其分布是对称的，还是呈偏态的？分布是单峰的、双峰的、还是多峰的？实现这些分析的主要过程是计算基本统计量和绘制基本可视化图。

探索数据分析

4.2.1　纵向数据探索性分析

这里纵向数据是指动态数列，即将同一统计指标的数值按其发生的时间先后顺序排列而成的数列。动态数列分析的主要目的是根据已有的历史数列对未来进行预测。

纵向数据的描述统计主要以计算动态数列变动分析为主，动态列分为如绝对数动态数列和相对数动态数列。

1.　绝对数动态数列

一系列同类的总量指标的数值按时间先后顺序排列而形成的动态数列，被称为绝对数动态数列或绝对增长量，用于说明事物在一定时期所增加的绝对数量。可分别计算累计增长量（也称定基数）和逐期增长量（也称环基数）。

（1）定基数

报告期指标与某一固定期（基期）指标之差，被称为定基数。

$$定基数 = a_i - a_1$$

式中，a_i 为第 i 期（报告期）指标，a_1 为第 1 期（基期）指标。

（2）环基数

报告期指标与前一期指标之差，被称为环基数。

$$环基数 = a_i - a_{i-1}$$

式中，a_i 为第 i 期指标，a_{i-1} 为第 $i-1$ 期指标。

In	GDzh=GD[GD.地区=='珠海'].set_index('年份');GDzh #取珠海数据，将年份设为索引						
		地区	GDP	人均 GDP	从业人员	进出口额	消费总额	RD 经费
	年份							
	2000	珠海	332.35	2.78	78.90	91.65	121.17	5.21
	2001	珠海	368.34	2.92	81.80	98.00	128.40	2.46
Out	2002	珠海	409.04	3.15	88.30	128.36	143.47	2.72
	2003	珠海	476.71	3.58	88.79	167.83	159.18	2.22
	2004	珠海	551.70	4.03	91.40	217.99	179.89	2.70
	...	...	...	...	...	...	...	...
	2015	珠海	2025.41	12.47	108.92	476.37	915.20	43.40

	2016	珠海	2226.37	13.45	109.55	417.32	1016.13	49.05
Out	2017	珠海	2675.18	15.55	112.37	442.49	1080.22	59.09
	2018	珠海	2914.74	15.94	115.97	493.30	1160.64	82.77
	2019	珠海	3435.89	17.55	161.17	422.15	996.30	93.33

In	Yt=GDzh.进出口额; DS1=DataFrame({'进出口额':Yt,'定基数':Yt-Yt[:1].values,'环基数':Yt-Yt.shift(1)}); DS1

Out	

```
         进出口额    定基数     环基数
年份
2000      91.65      0.00       NaN
2001      98.00      6.35       6.35
2002     128.36     36.71      30.36
2003     167.83     76.18      39.47
2004     217.99    126.34      50.16
...        ...        ...        ...
2015     476.37    384.72     -73.61
2016     417.32    325.67     -59.05
2017     442.49    350.84      25.17
2018     493.30    401.65      50.81
2019     422.15    330.50     -71.15
```

In	DS1.iplot(subplots=True,shape=(3,1),shared_xaxes=True,fill=True)

Out	

2. 相对数动态数列

一系列同类的相对指标的数值按时间顺序排列而形成的动态数列，被称为相对数动态数列。它可以用来说明社会现象间的相对变化情况。可分别计算定基发展速度（也称定基比）和环比发展速度（也称环基比）。

（1）定基比

定基比是指统一用某个时间的指标作为基数，以各时间的指标与之相比。

$$定基比 = 100 \times a_i/a_1$$

式中，a_i 为第 i 期指标，a_1 为第 1 期（基期）指标。

（2）环基比

环基比是指用以前一时间的指标作为基数，以相邻的后一时间的指标与之相比。

$$环基比 = 100 \times a_i/a_{i-1}$$

式中，a_i 为第 i 期指标，a_{i-1} 为第 $i-1$ 期指标。

In	DS2=DataFrame({'进出口额':Yt,'定基比':Yt/Yt[:1].values,'环基比':Yt/Yt.shift(1)}); DS2

Out	

	进出口额	定基比	环基比
年份			
2000	91.65	1.000	NaN
2001	98.00	1.069	1.069
2002	128.36	1.401	1.310
2003	167.83	1.831	1.307
2004	217.99	2.379	1.299
...	...	...	...
2015	476.37	5.198	0.866
2016	417.32	4.553	0.876
2017	442.49	4.828	1.060
2018	493.30	5.382	1.115
2019	422.15	4.606	0.856

In	DS2.iplot(subplots=True,shape=(3,1),shared_xaxes=True,fill=True)

Out	

【Excel 的基本操作】

① 在透视表中选取需要的数据，本例选取珠海的进出口额数据。

② 在单元格 C4 中输入=B4-B$4，然后通过自动填充扩展到单元格 C23。

③ 在单元格 D4 中输入=B4-B3，然后通过自动填充扩展到单元格 D23。

④ 在单元格 E4 中输入=B4/B$4，然后通过自动填充扩展到单元格 E23。

⑤ 在单元格 F4 中输入=B4/B3，然后通过自动填充扩展到单元格 F23，如图 4-7 所示。

⑥ 以地区 A 列为横坐标，以进出口额 B 列、定基数 C 列、环基数 D 列为纵坐标分别绘制它们的面积图，如图 4-8 所示。

图 4-7

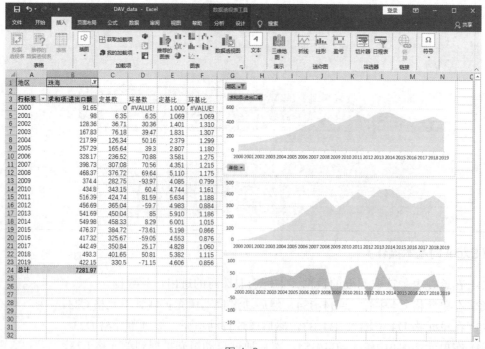

图 4-8

4.2.2 横向数据探索性分析

1. 频数表与直方图

（1）频数表

当所观测的数据较多时，为简化计算，可将这些数据按等间隔分组，然后按选举唱票法数出落在每个组内观测值的个数，称为（组）频数，这样得到的表称为"频数表"或"频数分布表"。因为频数除以总频数即频率，所以将频数表或频数分布表中的数据除以总频数即可得频率表或频率分布表。分析频数分布的目的是根据子样中各个变量的频率分布情况来推测母体中各个变量的频率分布情况。

利用 pandas 的 cut 函数将数据进行分组，如将人均 GDP 分成 10 组，这时数据变成定性数据了，其中 bins 也可指定为分组区间。

In	CGDP=pd.cut(GD.人均 GDP,bins=10);CGDP #将人均 GDP 分成 10 组
Out	序号 1 (2.377, 4.374] 2 (2.377, 4.374] 3 (0.36, 2.377] 4 (0.36, 2.377] 5 (0.36, 2.377] ... ... 416 (2.377, 4.374] 417 (2.377, 4.374] 418 (2.377, 4.374] 419 (2.377, 4.374] 420 (2.377, 4.374] Name: 人均 GDP, Length: 420, dtype: category
In	Freq=CGDP.value_counts();Freq #分组频数
Out	(0.36, 2.377] 178 (2.377, 4.374] 119 (4.374, 6.371] 49 (6.371, 8.368] 22 (8.368, 10.365] 20 (10.365, 12.362] 10 (12.362, 14.359] 9 (14.359, 16.356] 8 (16.356, 18.353] 3 (18.353, 20.35] 2
In	Prob=100*CGDP.value_counts(normalize=True);Prob #分组频率

Out	(0.36, 2.377]	42.3810
	(2.377, 4.374]	28.3333
	(4.374, 6.371]	11.6667
	(6.371, 8.368]	5.2381
	(8.368, 10.365]	4.7619
	(10.365, 12.362]	2.3810
	(12.362, 14.359]	2.1429
	(14.359, 16.356]	1.9048
	(16.356, 18.353]	0.7143
	(18.353, 20.35)	0.4762

In	DataFrame({'频数':Freq,'频率（%）':Prob,'累积频率（%）':Prob.cumsum()}) #频数表

		频数	频率（%）	累积频率（%）
Out	(0.36, 2.377)	178	42.381	42.381
	(2.377, 4.374)	119	28.333	70.714
	(4.374, 6.371)	49	11.667	82.381
	(6.371, 8.368)	22	5.238	87.619
	(8.368, 10.365)	20	4.762	92.381
	(10.365, 12.362)	10	2.381	94.762
	(12.362, 14.359)	9	2.143	96.905
	(14.359, 16.356)	8	1.905	98.810
	(16.356, 18.353)	3	0.714	99.524
	(18.353, 20.35)	2	0.476	100.000

In	Freq.plot(kind='bar');　　#分组频数条图

Out	

（2）直方图

直方图（histogram），又称频数分布图，是一种统计报告图，由一系列高度不等的纵向条形或线段表示数据分布的情况。直方图是频数表的图形表示，是对一个连续变量（定量变量）的概率分布的估计，它是一种连续的条形图，一般横轴表示数据类型，纵轴表示频数分布情况。

　　直方图用于表示连续型变量的频数分布，常用于考察变量的分布是否服从某种分布类型，如正态分布或偏态分布。图形以矩形的面积表示各组段的频数（或频率），各矩形的面积总和表示总频数（或等于 1）。当例数趋于无穷大时，直方图中频率间的连线即分布的密度曲线。

　　pandas 中用来绘制直方图的函数是 hist，也可以用 kde 绘制核密度估计图。

【Excel 的基本操作】

　　① 在透视表中选取需要的数据，本例选取珠海的人均 GDP 数据。

　　② 切换到"数据"选项卡，单击"分析"组中的"数据分析"按钮，将弹出"数据分析"对话框，在对话框中的"分析工具"中选择"直方图"。

　　③ 输入。

　　输入区域：$B$4:$B$423。

　　接收区域：空。

　　标志：不勾选。

　　④ 输出选项。

　　输出区域：$E$4。

　　图表输出：勾选。

　　⑤ 确定并查看结果。

　　单击"确定"按钮，结果如图 4-9 所示。

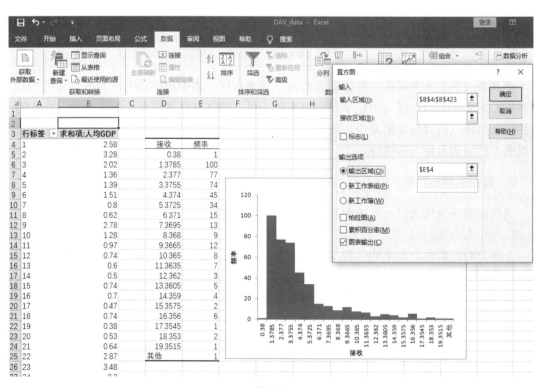

图 4-9

85

In	GD['人均 GDP'].plot(kind='hist'); #频率分布图
Out	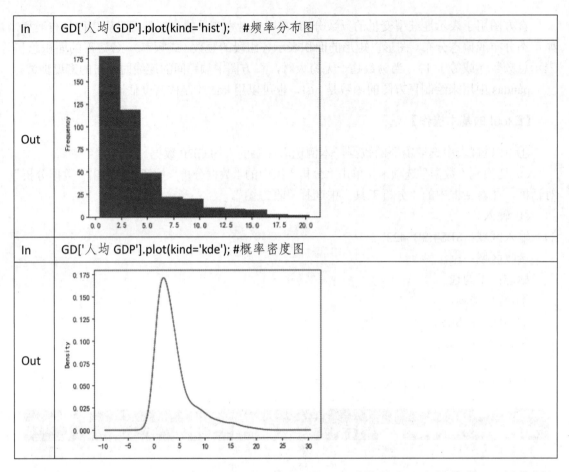
In	GD['人均 GDP'].plot(kind='kde'); #概率密度图
Out	

由频数表和直方图可看出频数分布的两个重要特征：集中趋势和离散程度。人的身高有高有低，但多数人的身高集中在中间部分组段，以中等身高居多，此为集中趋势；由中等身高到较低或较高的频数逐渐减少，反映了离散程度。对于计量型资料，可从集中趋势和离散程度两个侧面去分析其规律性。

2. 数据的分布特征

当数据量不断增加时，直方图及频数分布将趋向于总体的分布。

（1）正态分布

正态分布是数据分析中的一种主要的分布形式。正态分布也是古典统计学的核心内容，它有两个参数：位置参数（均值）μ，尺度参数（标准差）σ。正态分布的图形如倒立的钟，且分布对称。现实生活中，很多变量是服从正态分布的，比如人群的身高、体重和智商。

正态分布的概率曲线函数为如下形式。

$$P(x) = \frac{1}{\sqrt{2\pi}\sigma} e^{-\frac{(x-\mu)^2}{2\sigma^2}}$$

它的图形是对称的钟形曲线，常称为正态曲线，记为 $x \sim N(\mu, \sigma^2)$。

可用正态化变换（也称标准化变换）$z = (x-\mu)/\sigma$，将一般正态分布 $x \sim N(\mu, \sigma^2)$ 转换为标准

正态分布 $z \sim N(0,1)$。标准正态分布概率密度函数为 $p(z) = \dfrac{1}{\sqrt{2\pi}} \mathrm{e}^{-\frac{z^2}{2}}$。

①　标准正态分布曲线。

In	```#import numpy as np```
	 ```z=np.linspace(-4,4)```
	 ```p_z=1/np.sqrt(2*np.pi)*np.exp(-z**2/2);```
	 ```DataFrame({'p(z)':p_z},index=z).iplot() #plt.plot(z,p_z);```

Out	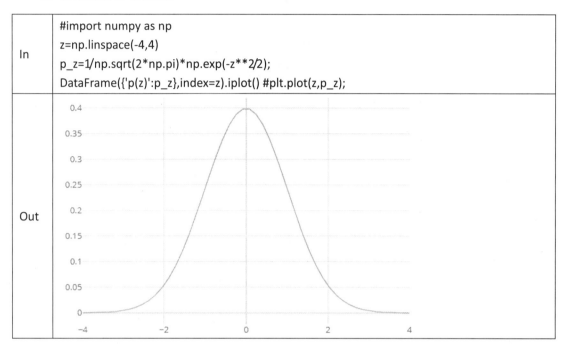

②　一般正态分布随机数及分布图。

下面模拟生成一般正态分布随机数，如生成 100 个均值为 170cm，标准差为 10cm 的人群身高正态分布随机数。

In	```np.random.seed(12) #设置种子数 seed 可重复结果``` ```X=np.random.normal(170,10,100); X.round(0) #省略小数```
Out	array([175., 163., 172., 153., 178., 155., 170., 169., 162., 199., 164., 　　　175., 181., 158., 183., 169., 180., 161., 160., 182., 175., 171., 　　　176., 175., 158., 148., 153., 152., 148., 164., 165., 170., 172., 　　　166., 167., 171., 160., 163., 170., 163., 164., 169., 183., 173., 　　　167., 164., 169., 192., 139., 175., 172., 179., 159., 191., 180., 　　　169., 172., 163., 171., 169., 179., 174., 169., 177., 176., 172., 　　　155., 180., 158., 160., 169., 175., 184., 153., 185., 186., 165., 　　　168., 164., 164., 157., 153., 168., 173., 188., 160., 149., 171., 　　　165., 174., 166., 157., 163., 178., 173., 160., 179., 156., 165.,172.])
In	```DataFrame(X).iplot(kind='hist') #plt.hist(X);```

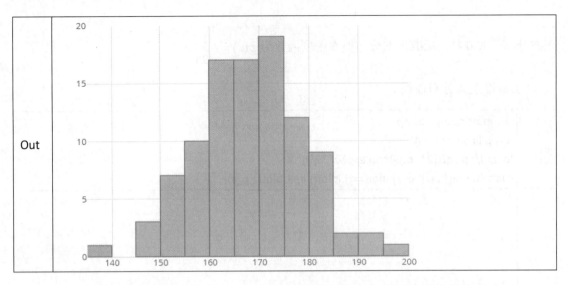

正态分布是一种典型的对称分布，而不是对称分布的分布都可被看作偏态分布。

（2）偏态分布

偏态分布是与正态分布相对的，分布曲线左右不对称的数据次数分布，是连续随机变量概率分布的一种。可以通过峰度和偏度的计算，衡量偏态的程度。偏态分布可分为正偏态（或右偏态）分布和负偏态（或左偏态）。前者曲线右侧偏长，左侧偏短；后者曲线左侧偏长，右侧偏短。

设 X 是取值为正数的连续随机变量，若 $\log(X)\sim N(\mu, \sigma^2)$，则称随机变量 X 服从对数正态分布。即对数正态分布是指一个随机变量的对数服从正态分布，是一种偏态分布，如收入、支出等指标的分布通常是对数正态分布，是一种偏态分布。

下面介绍模拟对数正态随机数及其分布绘制和检验。

假设 Y 是对数分布随机数，那么 $Z=\log(Y)$ 就为正态分布随机数。

In	np.random.seed(15)　　　　　　　#设置种子数 seed 可重复结果 Y=np.random.lognormal(0,1,100); Y.round(2)
Out	array([0.73,　1.4 ,　0.86,　0.61,　1.27,　0.17,　0.33,　0.34,　0.74, 　　　0.62,　0.82,　1.43,　1.99,　1.51,　0.57,　1.82,　0.85,　4.95, 　　　1.98,　1.01,　0.92,　0.37,　1.13,　0.32,　1.42,　0.16,　0.31, 　　　4.16,　4.47,　3.63,　0.16,　0.22,　0.23,　0.18,　1.26,　0.61, 　　　1. ,　0.61,　0.45,　7.76,　1.83,　0.37,　3.37,　0.51,　0.76, 　　　4.12,　0.46,　0.78,　0.73,　5.64,　7.23,　1.25,　6.65,　0.25, 　　　0.83,　3.62,　0.78,　1.41,　1.25,　1.98,　1.29,　0.23,　0.68, 　　　0.48,　1.8,　0.18,　0.44,　3.27,　1.43,　11.51,　0.96,　0.07, 　　　2.7 ,　1.21,　0.7 ,　0.26,　0.83,　1.82,　1.41,　1.09,　1.83, 　　　1.18,　0.35,　1.33,　1.65,　6.92,　1.05,　0.35,　3.21,　2.09, 　　　0.57,　0.3 ,　4.7 ,　0.18,　0.53,　1.33,　0.35,　0.83,　1.64, 0.67])
In	DataFrame(Y).iplot(kind='hist') #plt.hist(Y);

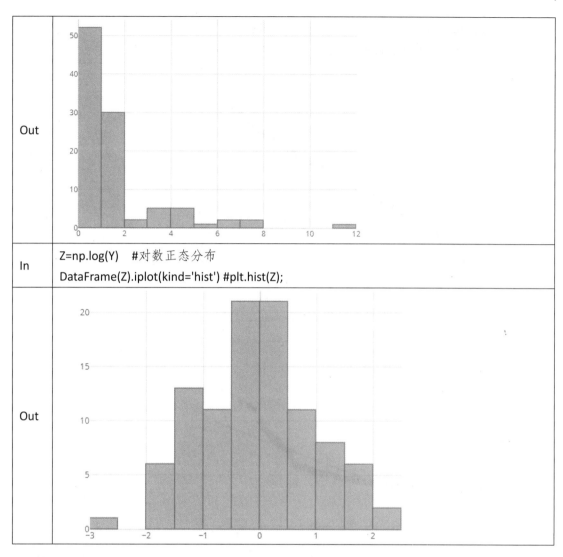

In	Z=np.log(Y)　#对数正态分布 DataFrame(Z).iplot(kind='hist') #plt.hist(Z);

有时，为了使数据更适应相应的统计分布，经常需要对数据进行一些变量变换，最简单的变量变换是线性变换，这种变换不影响数据结构。在经济管理中常用的数据变换是对数变换（如 $\log(x)$），因为经济数据通常是呈指数增长的，对数变换可使数据变成线性趋势的，且通常会使数据的正态性有所改善，但该变换会改变数据的结构。

3．正态分布检验图

正态分布检验图展示的是样本的累积频率分布与理论正态分布的累积概率分布之间的关系，即以标准正态分布的理论分位数（theoretical quantiles）为横坐标、样本顺序值（ordered values）为纵坐标的散点图。利用正态分布检验概率图（probability plot）判别样本数据是否近似于正态分布，只需看正态分布检验图上的点是否在一条直线附近。如果图中各点为在直线上或接近直线，则样本的正态分布假设可以接受。

In	`import scipy.stats as st    #加载科学计算包 SciPy` `st.probplot(X,dist='norm',plot=plt);         #?st.probplot 可查看具体使用方法`
Out	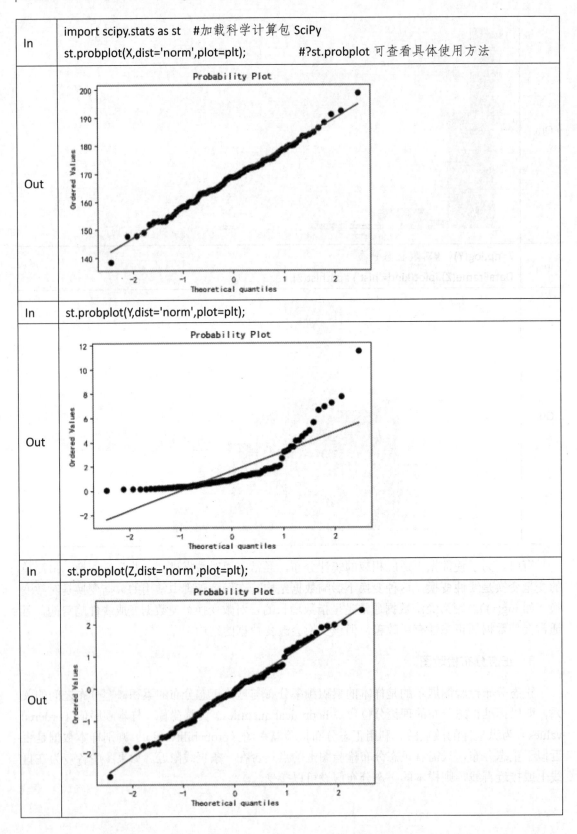
In	`st.probplot(Y,dist='norm',plot=plt);`
Out	
In	`st.probplot(Z,dist='norm',plot=plt);`
Out	

从上面的正态分布检验图可以看出，X 近似为正态分布，Y 的正态分布检验图上的点严重偏离正态线，明显不是正态分布，而 Z 的正态分布检验图上的点基本在正态线上，可认为 Y 取对数后也近似服从正态分布。

练习题 4

一、选择题

1. 在二维表中，normalize='index'表示_____。
   A. 各数据占总和的比例　　　　　B. 各数据占部分的比例
   C. 各数据占行的比例　　　　　　D. 各数据占列的比例

2. 下面哪个函数可以将双变量分类数据整理成二维表形式_____。
   A. apply　　　　　B. agg　　　　　C. pivot_table　　　　　D. crosstab

二、计算题

1. 调查数据。某公司对财务部门人员是否健身进行调查，结果为：否，否，否，是，是，否，否，是，否，是，否，否，是，是，否，是，否，否，是，是。
   （1）请用透视表函数统计人数，并绘制相应的透视图。
   （2）请自定义生成频数表和频数图的函数。

2. 工资数据。上述企业财务部员工的月工资数据如下：2050，2100，2200，2300，2350，2450，2500，2700，2900，2850，3500，3800，2600，3000，3300，3200，4000，3100，4200，3500。
   （1）绘制该数据的散点图和直方图，应用 hist 函数构建自己的计量频数表函数。
   （2）请用自定义函数生成频数表和频数图。

第 5 章　数据基本分析及可视化

　　基本的数据分析是指用适当的统计分析方法对收集的大量数据进行分析，将它们加以汇总和整理等，以求最大化地开发数据的功能、发挥数据的作用。基本的数据分析是为了提取有用信息和形成结论而对数据加以详细研究和概括总结的过程。本章会从描述性统计分析和聚类分析两方面对数据进行分析，更多的数据统计分析内容请见后文。

5.1　数据的描述性统计分析

　　描述性统计，是指运用制表、分类、图形以及计算概括性数据来描述数据特征的各项活动。描述性统计分析要对有关数据进行统计性描述，主要包括数据的次序分析、集中趋势分析、离散程度分析、频数分析，以及分布图形和一些基本的统计图形。

描述性数据分析

　　描述性统计分析涉及的内容很多，常用的如均数、标准差、中位数、频数分布、正态或偏态程度等，这些分析是复杂统计分析的基础。

5.1.1　数据的描述统计

　　这里的描述性统计分析主要指对单变量数据的统计分析。

　　横向数据的描述统计以计算基本统计量为主，主要包括次序统计量、集中趋势统计量和离散趋势统计量等。

1．次序统计

（1）顺序统计

　　对一组数据 $X_1,X_2,...,X_n$，$X_{(i)}$ 称为其第 i 个次序统计量，其取值是将数据由小到大排序后得到的第 i 个值。从小到大排序为 $X_{(1)},X_{(2)},...,X_{(n)}$，则称 $X_{(1)},X_{(2)},...,X_{(n)}$ 为顺序统计量。

　　例如对 2019 年珠三角 9 个地区的人均 GDP 数据进行描述性统计分析。

In	珠三角=['广州','深圳','珠海','佛山','惠州','东莞','中山','江门','肇庆'];
	#X=GD[(GD.年份==2019)&(GD.地区.isin(珠三角))].pivot_table('人均 GDP','地区').人均 GDP; X
	X=GD[(GD.年份==2019)&(GD.地区.isin(珠三角))].set_index('地区')['人均 GDP'];X

Out	地区	
	广州	15.64
	深圳	20.35
	佛山	13.38
	东莞	11.25
	惠州	8.60
	中山	9.27
	珠海	17.55
	江门	6.82
	肇庆	5.39
In	X.sort_values()	
Out	地区	
	肇庆	5.39
	江门	6.82
	惠州	8.60
	中山	9.27
	东莞	11.25
	佛山	13.38
	广州	15.64
	珠海	17.55
	深圳	20.35

（2）极值

一组数据中最小的数据，即最小次序统计量 $X_{(1)}$，记为 X.min = 1。

一组数据中最大的数据，即最大次序统计量 $X_{(n)}$，记为 X.max = 9。

In	X.min()
Out	5.39
In	X.max()
Out	20.35

（3）分位数

分位数（quantile），亦称分位点，是指将一组数据分为多等份的数值点，如百分位数就是将数据分成 100 等份。常用的分位数有二分位数、四分位数和五分位数。四分位数就是把所有数值由小到大排列并分成 4 等份，处于 3 个分割点位置的数值就是四分位数，即处在 25% 位置上的数值称为下四分位数，处在 75% 位置上的数值称为上四分位数，常用于箱形图的绘制。五分位数即将数据分为 5 等份，如可将百分成绩按五分位数分为[0,20],[20,40],[40,60],[60,80],[80,100]，本例

```
0%    25%   50%   75%   100%
 1     3     5     7     9
```

Python 提供了函数 quantile 用于对数据计算分位数。

In	X.quantile([0,0.25,0.5,0.75,1])
Out	0.00 5.39
	0.25 8.60
	0.50 11.25
	0.75 15.64
	1.00 20.35

2. 集中趋势

对于数值型定量数据，经常要分析它的集中趋势和离散程度。用于描述集中趋势的统计指标被称为平均统计量，如均值、中位数；用于描述离散程度的统计量主要有方差、标准差等。

Python 只需要一个命令就可以简单地得到这些结果，计算均值、中位数、方差、标准差的命令分别是 mean、median、var、std。

（1）均值

均值（mean），也称均数，即算术平均数。它是指一组数据的和除以这组数据的个数所得到的商，它反映一组数据的总体水平。对于正态分布数据，通常通过计算其均值来表示其集中趋势或平均水平。公式如下。

$$\overline{X} = \frac{1}{n}\sum_{i=1}^{n} X_i$$

In	X.mean()
Out	12.027777777777777

（2）中位数

中位数（median），也称中值，即二分位数。它是指一组数据按大小顺序排列，处于中间位置的一个数值即中位数，它也是用于反映一组数据的集中趋势的。对于偏态分布数据，通常通过计算其中位数来表示其平均水平。

In	X.median() #相当于 X.quantile(0.5)
Out	11.25

还有一种反映集中趋势的统计量是众数（mode），由于很多数据集不存在众数，所以该统计量用得也比较少。

3. 离散程度

（1）极差或四分位差

极差指一组数据中最大数据与最小数据的差，在统计中常用极差来刻画一组数据的离散程度。该指标由于只考虑数据的最大值和最小值，通常用处不是很大。公式如下。

$$R = X_{(n)} - X_{(1)} = \max(X) - \min(X)$$

In	def R(x): return(x.max()-x.min()) R(X)　　#X.max()-X.min();
Out	14.96

四分位差（Interquartile Range，IQR），也称四分位数间距，是指第 3 分位数与第 1 分位数的差距。对于非正态分布数据，通常通过计算其四分位差来反映其变异水平，IQR = $Q3-Q1$，其中，$Q3$ 和 $Q1$ 分别为数据的第 3 分位数和第 1 分位数（或 75%分位数和 25%分位数）。Python提供了函数 quantile，用于对计量数据计算分位数，于是 IQR 可写为：

```
IQR = X.quantile(0.75)-X.quantile(0.25)
```

In	def IQR(x):return(x.quantile(0.75)-x.quantile(0.25)) IQR(X)　　#X.quantile(0.75)-X.quantile(0.25)
Out	7.040000000000001

（2）方差与标准差

方差（variance，简称 var）指各个数据与均值之差的平方的平均数，它表示数据的离散程度和数据的波动大小。当分母为总体数 N 时称为总体方差。

$$s^2 = \frac{1}{n-1}\sum_{i=1}^{n}(X_i - \overline{X})^2$$

In	X.var()
Out	25.721494444444446

标准差（standard deviation，简称 std）是方差的算术平方根。其作用等同于方差的作用，但单位与原数据单位是一致的。对于正态分布数据，通常通过计算其标准差来反映其变异水平。

$$s = \sqrt{s^2}$$

In	X.std()
Out	5.071636268941656

方差或标准差是表示一组数据的波动性的指标，因此，方差或标准差可以用于判断一组数据的稳定性：方差或标准差越大，数据越不稳定；方差或标准差越小，数据越稳定。

【Excel 的基本操作】

① 在透视表中选取需要分析的数据，本例选取 2019 年珠三角人均 GDP 数据。
② 在单元格 B15 中输入=MIN(B4:B12)。
③ 在单元格 B16 中输入=MAX(B4:B12)。
④ 在单元格 B17 中输入=AVERAGE(B4:B12)。
⑤ 在单元格 B18 中输入=MEDIAN(B4:B12)。
⑥ 在单元格 B19 中输入=STDEV.S(B4:B12)，如图 5-1 所示。

图 5-1

pandas 中有一个描述统计分析的函数 describe，一次可以计算较多统计量。

In	X.describe()
Out	count 9.000
	mean 12.028
	std 5.072
	min 5.390
	25% 8.600
	50% 11.250
	75% 15.640
	max 20.350

【Excel 的基本操作】

下面是采用 Excel 的数据分析模块所完成的描述统计分析。

① 在透视表中选取需要分析的数据，本例选取 2019 年珠三角人均 GDP 数据。

② 切换到"数据"选项卡，单击"分析"组中的"数据分析"按钮，将弹出"数据分析"对话框。在对话框中选择"描述统计"并单击"确定"按钮。

③ 输入。

输入区域：$B$4:$B$12。

分组方式：逐列。

④ 输出选项。

输出区域：$D$2。

汇总统计：勾选。如图 5-2 所示。

图 5-2

4．箱形图

箱形图又称盒须图、箱式图或箱线图，是一种用作显示一组数据分布情况的统计图，因形状如箱子而得名。其在各种领域经常被使用，常见于基本数据统计量的可视化结果中。它主要用于反映原始数据分布的特征，还可以进行多组数据分布特征的比较。箱形图的绘制方法是：首先找出一组数据的最大值、最小值、中位数和上下两个四分位数；然后，连接两个四分位数画出箱子；最后将最大值和最小值与箱子相连接，中位数在箱子中间。

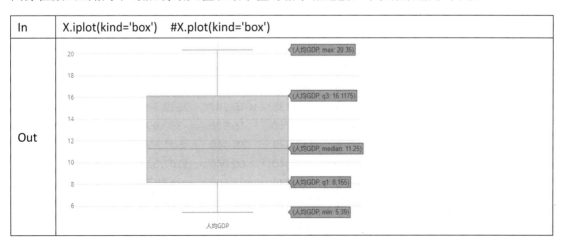

【Excel 的基本操作】

将透视表中的 B4:B12 数据复制到 G4:G12，选择 G4:G12 单元格区域，切换到"插入"选项卡，在"图表"组中单击"插入统计图形"按钮再单击箱形图对应的选项，即可生成箱形图，如图 5-3 所示。

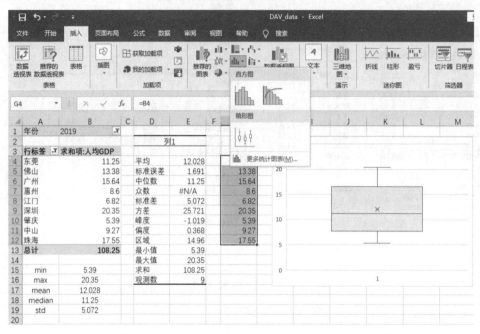

图 5-3

5.1.2 数据的综合统计

1. 多变量数据统计

（1）横向数据描述分析

In	GD2019=GD[GD.年份==2019].drop(columns='年份').set_index('地区')
	GD2019.describe() #2019 年广东省 21 个地区数据的描述分析

		GDP	人均 GDP	从业人员	进出口额	消费总额	RD 经费
	count	21.000	21.000	21.000	21.000	21.000	21.000
	mean	5127.193	7.478	340.488	493.608	2045.321	110.230
	std	7191.526	5.184	324.135	1016.147	2619.379	233.789
Out	min	921.960	2.710	109.260	15.930	360.690	2.190
	25%	1292.180	4.070	142.020	28.440	502.250	6.040
	50%	2694.080	5.040	231.640	60.040	1107.520	19.190
	75%	3435.890	9.270	323.630	393.600	1717.270	93.330
	max	26927.090	20.350	1283.370	4315.700	9551.570	1049.920

In	GD2019.iplot(kind='box'); #GD2019.plot(kind='box',rot=45);

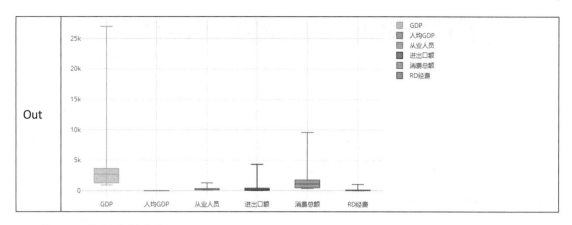

【Excel 的基本操作】

① 筛选需要的数据，本例筛选 2019 年广东省 21 个地区的数据。

② 切换到"数据"选项卡，单击"分析"组中的"数据分析"按钮，将弹出"数据分析"对话框。在对话框中选择"描述统计"并单击"确定"按钮。

③ 输入。

输入区域：$D$401:$I$421。

分组方式：逐列。

④ 输出选项。

输出区域：$K$401。

汇总统计：勾选。如图 5-4 所示。

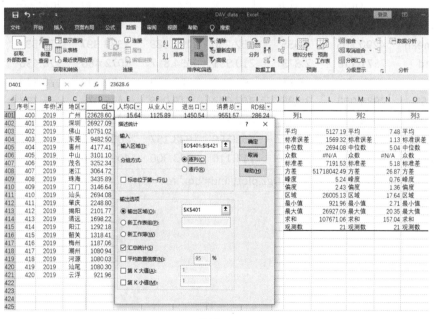

图 5-4

选中筛选的 D401:I421 单元格区域，切换到"插入"选项卡，在"图表"组中单击"插入统计图表" ![icon] 按钮再单击箱形图对应的选项，即可生成箱形图，如图 5-5 所示。

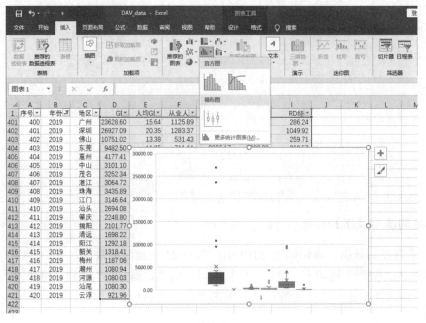

图 5-5

（2）纵向数据描述分析

In	GDdg=GD[GD.地区=='东莞'].drop(columns='地区').set_index('年份'); GDdg.describe()　#东莞 20 年数据的描述分析

Out		GDP	人均 GDP	从业人员	进出口额	消费总额	RD 经费
	count	20.000	20.000	20.000	20.000	20.000	20.000
	mean	4290.305	5.455	462.250	1170.989	1333.397	70.532
	std	2571.118	2.873	210.981	554.817	1072.480	78.456
	min	820.300	1.360	97.880	320.450	196.100	0.540
	25%	2088.900	3.195	367.042	719.085	476.978	5.797
	50%	4005.100	5.210	438.850	1173.185	1068.550	44.290
	75%	6069.858	7.297	653.550	1638.157	2002.892	117.985
	max	9482.500	11.250	711.110	2033.300	4003.890	260.570

In	GDgz.iplot(kind='box');　#GDgz.plot(kind='box',rot=45);

Out	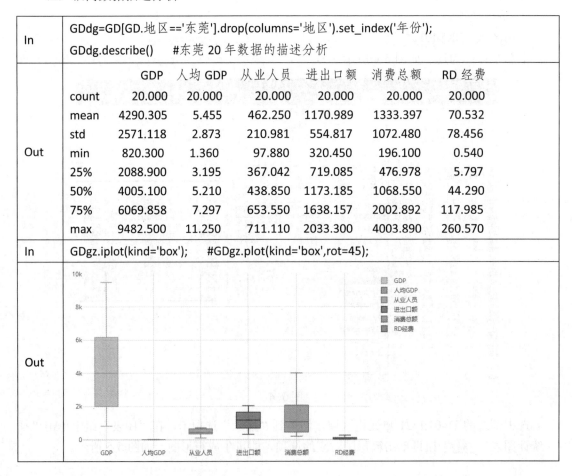

2．数据的分组统计

pandas 提供灵活、高效的分组（groupby）功能，使用户能以一种便捷的方式对数据集进行切片、切块、摘要等操作；根据一个或多个变量拆分 pandas 对象；计算分组摘要统计，如计数、均值、标准差以及用户自定义函数等。

对分组变量应用 size、mean、std 等统计函数，可分别统计分组数量、不同变量的分组均值和 std 等。

In	GD.groupby(['地区'])['GDP'].mean()　　#各地区历年平均 GDP
Out	地区 东莞　　4290.3050 中山　　1870.0970 云浮　　 440.7520 佛山　　5289.1125 广州　11436.6870 　　　　… 珠海　　1368.0310 肇庆　　1141.0720 茂名　　1590.8960 阳江　　 697.4970 韶关　　 695.2540
In	GD.groupby(['地区'])['GDP'].mean().iplot(kind='barh') #各地区年平均 GDP 条图
Out	
In	GD.groupby(['年份'])['GDP'].mean()　　#各年份地区平均 GDP

Out	年份 2000 534.0400 2001 597.3748 2002 674.1705 2003 787.1843 2004 933.0014 ... 2015 3791.3248 2016 4118.5395 2017 4498.8019 2018 4810.7490 2019 5127.1933
In	GD.groupby(['年份'])['GDP'].mean().iplot() #各年份地区平均 GDP 线图
Out	

也可以应用聚集函数 agg 对分组后的数据计算多个统计量（如例数、均值、标准差等）。

In	GD.groupby(['地区'])['人均 GDP'].agg([np.size,np.mean,np.std])
Out	size mean std 地区 东莞 20.0 5.455 2.873 中山 20.0 6.108 3.167 云浮 20.0 1.840 1.047 佛山 20.0 7.418 3.790 广州 20.0 9.032 4.525 ... ... 珠海 20.0 8.466 4.688 肇庆 20.0 2.862 1.776 茂名 20.0 2.652 1.490 阳江 20.0 2.837 1.730 韶关 20.0 2.389 1.321 [21 rows x 3 columns]

5.2　数据的聚类分析

聚类分析（cluster analysis）是将数据分类到不同的类或者簇的过程，所以同一个类或者簇中的对象有很高的相似性，而不同类或者簇间的对象有很高的相异性。

数据的聚类分析

从统计学的观点来看，聚类分析是通过数据建模简化数据的一种方法。传统的统计聚类分析方法包括系统聚类法、动态聚类法、有序样本聚类和模糊聚类等。从机器学习的角度来讲，簇相当于实现隐藏模式。聚类是搜索簇的无监督学习过程。与分类不同，无监督学习不依赖预先定义的类或带类标记的训练实例，需要由聚类学习算法自动确定标记，而分类学习的实例或数据对象有类别标记。聚类分析是一种探索性的分析，在分类的过程中，人们不必事先给出分类的标准，聚类分析能够从样本数据出发，自动进行分类。聚类分析所使用的方法不同，常常会得到不同的结论。不同研究者对于同一组数据进行聚类分析，所得到的聚类数未必一致。

5.2.1　聚类分析的思想

1．聚类分析的起源

聚类分析是研究"物以类聚"的一种现代统计分析方法，如不同地区城镇居民收入和消费状况的分类研究、区域经济及社会发展水平的分析、全国区域经济综合区划。过去人们受分析工具的限制，主要依靠经验和专业知识做定性分类处理，很少利用统计方法，致使许多分类带有主观性和随意性，不能很好地揭示客观事物内在的本质差别和联系，特别是对于多个指标的分类问题，定性分类更难以实现准确分类。为了克服定性分类的不足，多元统计分析中引入数值分类方法，形成了聚类分析分支。

近年来聚类分析发展很快，其在经济、管理、地质勘探、天气预报、生物分类、考古、医学、心理学以及制定国家标准和区域标准等许多方面的应用都很有成效，因而其也成为目前较为流行的多元统计分析方法之一。例如，在古生物研究中，根据挖掘出来的一些骨骼的形状和大小将它们科学地进行分类；在地质勘探中，根据矿石标本的物探、化探指标将标本进行分类；在经济区域的划分中，根据各主要经济指标将全国分成几个区域。

2．聚类分析的类型

聚类分析的基本思路是把分类对象按一定规则分成若干类，这些类不是事先给定的，而是根据数据的特征来确定的。在同一类中，这些对象在某种意义上趋向于彼此相似；而在不同类中，对象趋向于彼此不相似。

在聚类分析中，基本思想是，认为所研究的样本或变量之间存在着不同的相似性（亲疏关系）。根据一批样本的多个观测变量，具体找出一些能够度量样本（或变量）之间相似程度的统计量，以这些统计量为划分类型的依据。把一些相似程度较高的样本（或变量）聚为一类，把另外一些彼此之间相似程度较高的样本（或变量）又聚为另一类，关系密切的聚到一个小的分类中，关系疏远的聚到一个大的分类中，直到把所有样本（或变量）都聚类完毕，把不同的类一一划分出来，形成一个由小到大的分类系统。最后再对整个分类系统画一张聚类图，用它把所有样本（或变量）间的亲疏关系表示出来。

常见的聚类分析方法有系统聚类法、快速聚类法、有序聚类法和模糊聚类法等，本书重点介绍目前常用的系统聚类法，其他方法请参考有关书籍。

通常根据分类对象的不同可分为两类：一类是对样本进行分类处理，叫 Q 型聚类；另一类是对变量进行分类处理，叫 R 型聚类。

3. 聚类分析统计量

聚类分析的基本原则是将有较高相似性的对象归为同一类，而将差异较大的个体归入不同的类。为了将样本聚类，就需要研究样本之间的关系。一种方法是将每个样本看作 p 维空间的一个点，并在空间定义距离，将距离较近的点归为一类，将距离较远的点归入不同的类。对于变量通常可计算它们的相关系数，性质越接近的变量，其相关系数越接近 1（或-1），彼此越无关的变量，其相关系数越接近 0。把比较相近的变量归为一类，把不怎么相近的变量归入不同的类。

在实际的聚类分析中，很多情况下都是对样本做聚类，所以下面重点介绍针对样本的聚类方法。进行样本聚类分析的统计量主要是距离。

对样本进行聚类时，我们把样本间的"靠近"程度用某种距离来刻画；对指标的聚类，往往用某种相关系数来刻画。

当选用 n 个样本、p 个指标时，就可以得到一个 $n \times p$ 的数据矩阵 $\boldsymbol{X} = (x_{ij})_{n \times p}$。该矩阵的元素 x_{ij} 表示第 i 个样本的第 j 个变量值。

为了直观展示样本之间的距离，看一下两个变量在平面上的例子。

从数据中取出任意两个变量，在直角坐标系中显示它们在空间的距离分布情况，如取2019 年珠三角地区 GDP 和消费总额这两个变量。

In	珠三角=['广州','深圳','珠海','佛山','惠州','东莞','中山','江门','肇庆']; X=GD[(GD.年份==2019)&(GD.地区.isin(珠三角))].drop(columns='年份') X.set_index('地区',inplace=True);X

		GDP	人均 GDP	从业人员	进出口额	消费总额	RD 经费
	地区						
	广州	23628.60	15.64	1125.89	1450.54	9551.57	286.24
	深圳	26927.09	20.35	1283.37	4315.70	9144.46	1049.92
	佛山	10751.02	13.38	531.43	700.67	3685.27	259.71
Out	东莞	9482.50	11.25	711.11	2006.17	4003.89	260.57
	惠州	4177.41	8.60	318.29	393.60	1924.55	99.78
	中山	3101.10	9.27	237.21	346.75	1617.09	59.66
	珠海	3435.89	17.55	161.17	422.15	996.30	93.33
	江门	3146.64	6.82	272.27	206.89	1206.96	65.07
	肇庆	2248.80	5.39	231.64	58.66	1107.52	23.35

当只有两个变量时，可以从直角坐标系的散点图上直观地将这些地区样本分为几类，但

当变量多于两个时，这种方法显然是不行的。下面给出计算距离的常用方法。

设 $x_{ij}(i=1,2,\cdots,n;\ j=1,2,\cdots,p)$ 为第 i 个样本的第 j 个指标的观测数据，即每个样本有 p 个变量，则每个样本都可以看作 p 维空间中的一个点，n 个样本就是 p 维空间中的 n 个点，定义 d_{ij} 为样本 x_i 与 x_j 的距离，于是得到 $n\times n$ 的距离矩阵，如下。

$$\boldsymbol{D}=(d_{ij})_{n\times n}=\begin{bmatrix} d_{11} & d_{12} & \cdots & d_{1n} \\ d_{21} & d_{22} & \cdots & d_{2n} \\ \vdots & \vdots & & \vdots \\ d_{n1} & d_{n2} & \cdots & d_{nn} \end{bmatrix}$$

聚类分析中常用的计算样本间距离的方法是欧氏距离（euclidean distance）如下。

$$d_{ij}=\left[\sum_{k=1}^{p}(x_{ik}-x_{jk})^2\right]^{\frac{1}{2}}$$

下面是使用欧氏距离算出的相似矩阵（Python 默认使用欧氏距离）。

In	import scipy.cluster.hierarchy as sch　　#加载系统聚类包 D=sch.distance.pdist(X); D　　　　　#D 为样本间距离
Out	array([4456.7865, 14183.1569, 15210.8627, 20936.1979, 22054.3355, 　　21976.4344, 22169.0669, 23047.8645, 17485.0317, 18358.2065, 　　24225.8579, 25341.0112, 25210.3773, 25443.8296, 26341.8488, 　　1856.6858, 6817.4632, 7940.4349, 7809.2287, 8019.8208, 　　8915.7457, 5937.0182, 7031.1951, 6960.3629, 7171.7619, 　　8049.495, 1123.9901, 1198.8008, 1271.0659, 2124.2927, 　　714.2367, 437.1565, 1034.6194, 433.1709, 1250.4754, 917.2625])

这是进行聚类分析的"出发点"。首先将距离最小的两个样本聚为一类，然后计算类间距离，进行聚类。

由于上述距离表现的是样本两两之间的关系，并不能反映它们的多维空间关系，所以需要进一步进行聚类分析。

5.2.2　层次聚类分析

1．层次聚类方法

确定了距离后就要进行分类，分类有许多种方法，常用的方法是在样本距离的基础上定义类与类之间的距离，首先将 n 个样本分成 n 类，每个样本自成一类，然后每次将距离最小的两类合并，合并后重新计算类与类之间的距离，这个过程一直持续到所有的样本归为一类为止，并对这个过程制作一张聚类图，由聚类图可方便地对样本进行分类。因为聚类图类似于系统图，所以这类方法就称为层次聚类方法（hierarchical clustering method）。层次聚类法是目前在实际中使用较多的一类方法。从上面的分析可以看出，虽然我们已定义样本之间的距离，但在实际计算过程中还要定义类与类之间的距离，定义类与类之间的距离也有许多种方法，不同的定义方法对应不同的层次聚类方法，常用的有以下 6 种。这 6 种层次聚类方法的并类原则和过程完全相同，不同之处在于类与类之间的距离定义不同。

① 最短距离法：类与类之间的距离等于两类最近的样本之间的距离。

② 最长距离法：类与类之间的距离等于两类最远的样本之间的距离。

③ 中间距离法：最长距离法"夸大"了类间距离，最短距离法"低估"了类间距离，介于两者间的距离法即中间距离法。

④ 类平均法：类与类之间的距离等于各类元素两两之间的平方距离的平均值。

⑤ 重心法：类与类之间的距离定义为对应的两类的重心（均值）之间的距离。

⑥ 离差平方和法：基于方差分析的思想，如果类分得正确，同类样本之间的离差平方和应当较小，类与类之间的离差平方和应当较大。

2. 层次聚类步骤

层次聚类的基本步骤如下。

① 计算 n 个样本两两间的距离矩阵，记作 $D=\{d_{ij}\}n \times n$。

② 构造 n 个类，每个类只包含一个样本。

③ 合并距离最近的两类为一个新类。

④ 计算新类与当前各类的距离，若类个数为 1，则转到步骤⑤，否则回到步骤③。

⑤ 绘制层次聚类图。

⑥ 根据层次聚类图确定类的个数和类的内容。

下面应用前文介绍的数据框 X 进行层次聚类。样本间默认距离采用欧氏距离，方法使用最短距离法。开始时有 9 类，即每个样本自成一类，这 9 类之间的距离就等于 9 个样本（地区）之间的距离，距离矩阵记为 D，故第一步就可将类中山和类江门合并成一个新类，以此类推，然后计算新类与其他类之间的距离。

首先使用最短距离法进行层次聚类，具体如下。

In	import scipy.cluster.hierarchy as sch	#加载系统聚类包
	D=sch.distance.pdist(X);	#计算样本间距离
	H=sch.linkage(D);	#进行系统聚类
	sch.dendrogram(H,labels=珠三角);	#绘制系统聚类图

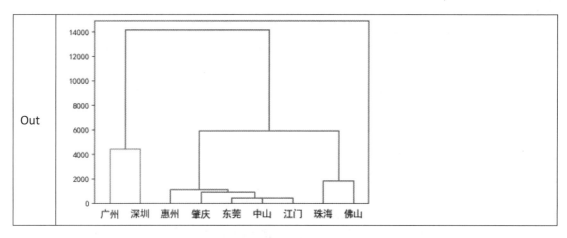

从聚类分析结果可以看到，如果聚为 3 类，则第 1 类包括广州和深圳，第 2 类包括珠海和佛山，第 3 类包括惠州、肇庆、东莞、中山和江门。

3．实例分析

继续对广东省 21 个地区 20 年的数据进行 9 个变量的样本聚类，根据聚类结果进行区域经济发展的划分。虽然 Python 要通过编程来进行统计分析，使得许多人望而却步，实际上，如果使用熟练，用 Python 进行分析还是非常灵活的。下面用一步法对广东地区经济竞争力进行聚类分析。

（1）横向数据

In	```
	Y2019=GD[GD.年份==2019].drop(columns='年份').set_index('地区');
	D2019=sch.distance.pdist(Y2019);
	H2019=sch.linkage(D2019,'complete');
	sch.dendrogram(H2019,labels=list(Y2019.index));
	``

Out	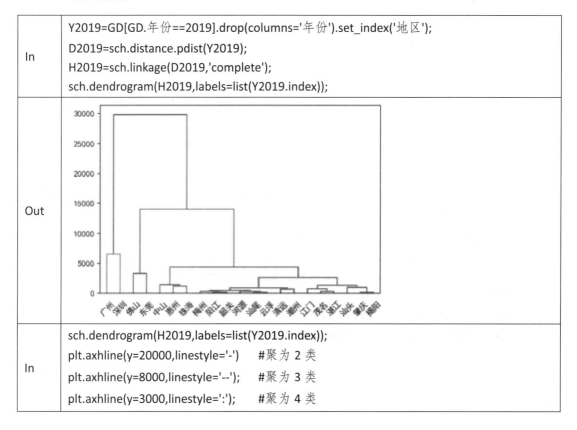

In	```
	sch.dendrogram(H2019,labels=list(Y2019.index));
	plt.axhline(y=20000,linestyle='-') #聚为 2 类
	plt.axhline(y=8000,linestyle='--'); #聚为 3 类
	plt.axhline(y=3000,linestyle=':'); #聚为 4 类
	``

Out	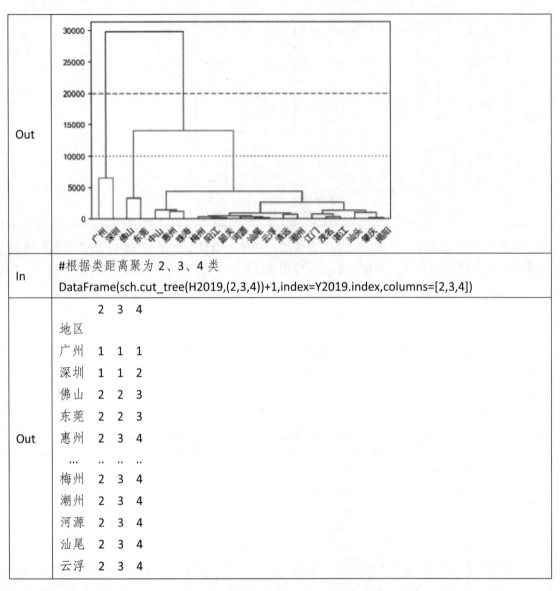

In	#根据类距离聚为 2、3、4 类
	DataFrame(sch.cut_tree(H2019,(2,3,4))+1,index=Y2019.index,columns=[2,3,4])

Out	2 3 4 地区 广州 1 1 1 深圳 1 1 2 佛山 2 2 3 东莞 2 2 3 惠州 2 3 4 ... . 梅州 2 3 4 潮州 2 3 4 河源 2 3 4 汕尾 2 3 4 云浮 2 3 4

如果按经济发展水平进行分类，如分两类：广州、深圳为发达地区，其他为发展中地区。如聚为 3 类：广州、深圳为发达地区，佛山、东莞为中等发达地区，其他为欠发达地区。以此类推，总体上还是符合实际情况的。

（2）纵向数据

In	GZ=GD[GD.地区=='广州'].drop(columns='地区').set_index('年份'); D_GZ=sch.distance.pdist(GZ); H_GZ=sch.linkage(D_GZ,'complete'); sch.dendrogram(H_GZ,labels=list(GZ.index),orientation='right');

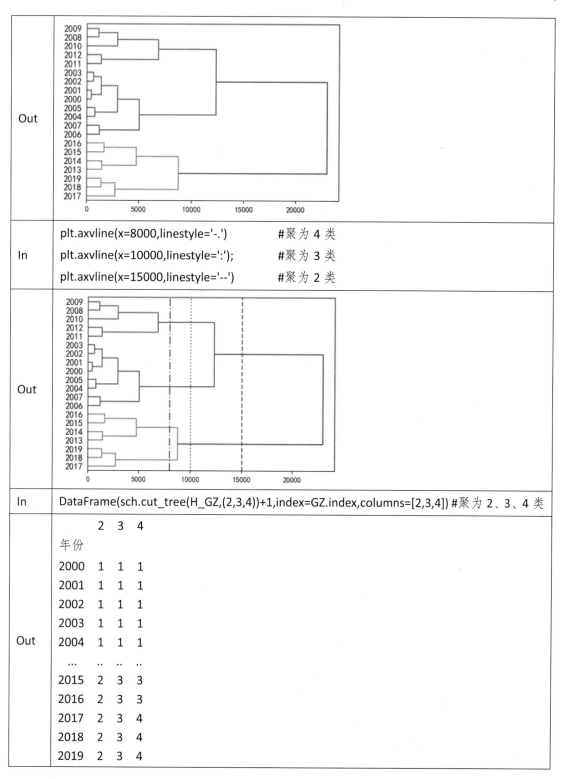

	In	plt.axvline(x=8000,linestyle='-.')　　　#聚为 4 类
		plt.axvline(x=10000,linestyle=':');　　　#聚为 3 类
		plt.axvline(x=15000,linestyle='--')　　　#聚为 2 类

In	DataFrame(sch.cut_tree(H_GZ,(2,3,4))+1,index=GZ.index,columns=[2,3,4]) #聚为 2、3、4 类

		2	3	4
Out	年份			
	2000	1	1	1
	2001	1	1	1
	2002	1	1	1
	2003	1	1	1
	2004	1	1	1
	...	..	..	..
	2015	2	3	3
	2016	2	3	3
	2017	2	3	4
	2018	2	3	4
	2019	2	3	4

　　如果按经济发展时间进行聚类,如分两类:2013 年前为一个阶段,2013 年后为一个阶段。如聚为 3 类:2000 年—2007 年为一个阶段,2008 年—2012 年为一个阶段,2013 年—2019年为一个阶段。

练习题 5

计算题

1. 经理年薪。收集某沿海发达城市 2015 年 66 个年薪超过 10 万元的公司经理的收入（单位：万元），为 11，19，14，22，14，28，13，81，12，43，11，16，31，16，23，42，22，26，17，22，13，27，108，16，43，82，14，11，51，76，28，66，29，14，14，65，37，16，37，35，39，27，14，17，13，38，28，40，85，32，25，26，16，120，54，40，18，27，16，14，33，29，77，50，19，34。

（1）可以对这些薪酬的分布状况作何分析？

（2）试通过编写计算基本统计量的函数来分析数据的集中趋势和离散程度。

（3）试分析为何该数据的均值和中位数差别如此之大，方差、标准差在此有何作用？如何正确分析该数据的集中趋势和离散程度？

（4）绘制该数据的散点图和直方图。

（5）请用自定义函数生成频数表和频数图。

2. 2 个变量、9 个样本的数据如下表所示。

	x_1	x_2
1	2.5	2.1
2	3.0	2.5
3	6.0	2.5
4	6.6	1.5
5	7.2	3.0
6	4.0	6.4
7	4.7	5.6
8	4.5	7.6
9	5.5	6.9

（1）画出该数据的散点图。

（2）计算样本间的欧氏距离。

（3）对该数据进行层次聚类（6 种方法比较）。

3. 为了研究 31 个省、自治区和直辖市 2007 年城镇居民生活消费数据的分布规律，根据调查资料做区域消费类型划分，指标名称如下。此例样本数 $n=31$，变量个数 $p=8$。数据来源于《2008 中国统计年鉴》。

食品：人均食品支出（元/人）。

衣着：人均衣着商品支出（元/人）。

设备：人均家庭设备用品及服务支出（元/人）。

医疗：人均医疗保健支出（元/人）。

交通：人均交通和通信支出（元/人）。

教育：人均娱乐、教育、文化服务支出（元/人）。

居住：人均居住支出（元/人）。

杂项：人均杂项商品和服务支出（元/人）。

地区	食品	衣着	设备	医疗	交通	教育	居住	杂项
北京	4934.05	1512.88	981.13	1294.07	2328.51	2383.96	1246.19	649.66
天津	4249.31	1024.15	760.56	1163.98	1309.94	1639.83	1417.45	463.64
河北	2789.85	975.94	546.75	833.51	1010.51	895.06	917.19	266.16
山西	2600.37	1064.61	477.74	640.22	1027.99	1054.05	991.77	245.07
内蒙古	2824.89	1396.86	561.71	719.13	1123.82	1245.09	941.79	468.17
辽宁	3560.21	1017.65	439.28	879.08	1033.36	1052.94	1047.04	400.16
吉林	2842.68	1127.09	407.35	854.8	873.88	997.75	1062.46	394.29
黑龙江	2633.18	1021.45	355.67	729.55	746.03	938.21	784.51	310.67
上海	6125.45	1330.05	959.49	857.11	3153.72	2653.67	1412.1	763.80
江苏	3928.71	990.03	707.31	689.37	1303.02	1699.26	1020.09	377.37
浙江	4892.58	1406.2	666.02	859.06	2473.4	2158.32	1168.08	467.52
安徽	3384.38	906.47	465.68	554.44	891.38	1169.99	850.24	309.3
福建	4296.22	940.72	645.4	502.41	1606.9	1426.34	1261.18	375.98
江西	3192.61	915.09	587.4	385.91	732.97	973.38	728.76	294.60
山东	3180.64	1238.34	661.03	708.58	1333.63	1191.18	1027.58	325.64
河南	2707.44	1053.13	549.14	626.55	858.33	936.55	795.39	300.19
湖北	3455.98	1046.62	550.16	525.32	903.02	1120.29	856.97	242.82
湖南	3243.88	1017.59	603.18	668.53	986.89	1285.24	869.59	315.82
广东	5056.68	814.57	853.18	752.52	2966.08	1994.86	1444.91	454.09
广西	3398.09	656.69	491.03	542.07	932.87	1050.04	803.04	277.43
海南	3546.67	452.85	519.99	503.78	1401.89	837.83	819.02	210.85
重庆	3674.28	1171.15	706.77	749.51	1118.79	1237.35	968.45	264.01
四川	3580.14	949.74	562.02	511.78	1074.91	1031.81	690.27	291.32
贵州	3122.46	910.3	463.56	354.52	895.04	1035.96	718.65	258.21
云南	3562.33	859.65	280.62	631.70	1034.71	705.51	673.07	174.23
西藏	3836.51	880.1	271.29	272.81	866.33	441.02	628.35	335.66
陕西	3063.69	910.29	513.08	678.38	866.76	1230.74	831.27	332.84
甘肃	2824.42	939.89	505.16	564.25	861.47	1058.66	768.28	353.65
青海	2803.45	898.54	484.71	613.24	785.27	953.87	641.93	331.38
宁夏	2760.74	994.47	480.84	645.98	859.04	863.36	910.68	302.17

对以上数据进行聚类分析。

第6章 数据综合评价及可视化

综合评价，也叫综合评价方法或多指标综合评价方法，是指使用比较系统的、规范的方法对多个指标、多个单位同时进行评价的方法。它不只是一种方法，还是一个方法系统，是指对多指标进行综合测评的一系列有效方法的总称。综合评价在现实中应用范围很广。综合评价是针对研究的对象，建立一个进行测评的指标体系，利用一定的方法或模型，对搜集的资料进行分析，对被评价的事物做出定量化的总体判断。

综合评价的应用领域和范围非常广泛。从学科领域来看，其在自然科学中广泛应用于各种事物的特征和性质的评价，如环境监测综合评价、药物临床试验综合评价、地质灾害综合评价、气候特征综合评价、产品质量综合评价等；其在社会科学中广泛应用于总体特征和个体特征的综合评价，如社会治安综合评价、生活质量综合评价、社会发展综合评价、教学水平综合评价、人居环境综合评价等；其在经济学领域的应用更为普遍，如综合经济效益评价、经济预警评价分析、生产方式综合评价、房地产市场景气程度综合评价等。

6.1 综合评价的方法及应用

综合评价的方法一般是主客观方法结合的，方法的选择需基于实际指标数据情况来确定，关键的是指标的选取以及指标权重的设置，这些都是需要基于广泛的调研和扎实的业务知识的，不能说单纯地从数学上解决。

综合评价方法及
应用

在综合评价中，主要技术方法涉及以下几个方面。其一，指标体系的选择；其二，权重的确定；其三，选用合适的综合方法。因此，在应用和研究综合评价的方法时，应当随时把握住上述3个方面的可行性和科学性。

6.1.1 单指标数据分析

1. 单指标数据比较分析

如果要对单个指标数据进行评价，通常只需计算其次序统计量和秩次并进行排序。这里说的秩次即次序统计量中的序数，是一组数据排序后对应的位置次序。如要对广东省经济数据进行单变量综合分析，可对各指标进行编秩排名，由于这时是单指标，故可直接对其进行比较分析。对单指标可这样编秩（rank）：

```
GD2019.GDP.rank(ascending=False)
```

但 Python 可直接对数据框中的各变量进行一次排序，下面对每个变量进行排序。

In	`#pd.options.display.max_rows=21`
	`#X=GD[GD.年份==2019].drop(columns='年份').set_index('地区');X`
	`X=GD[GD.年份==2019].pivot_table(index='地区').drop(columns='年份')\`
	`.sort_values(by='GDP',ascending=False);X`					

		GDP	RD 经费	人均 GDP	从业人员	消费总额	进出口额
	地区						
	深圳	26927.09	1049.92	20.35	1283.37	9144.46	4315.70
	广州	23628.60	286.24	15.64	1125.89	9551.57	1450.54
	佛山	10751.02	259.71	13.38	531.43	3685.27	700.67
	东莞	9482.50	260.57	11.25	711.11	4003.89	2006.17
Out	惠州	4177.41	99.78	8.60	318.29	1924.55	393.60
	...	...	...	...	...	...	...
	梅州	1187.06	2.38	2.71	169.02	689.33	17.54
	潮州	1080.94	6.04	4.07	109.26	490.84	31.30
	汕尾	1080.30	4.65	3.60	124.67	442.26	24.34
	河源	1080.03	3.67	3.48	142.02	386.83	43.78
	云浮	921.96	2.19	3.64	124.29	360.69	15.93

【Excel 的基本操作】

在透视表中选取需要的数据，本例将在筛选的年份（2019 年）中选取广东省 21 个地区的数据，如图 6-1 所示。

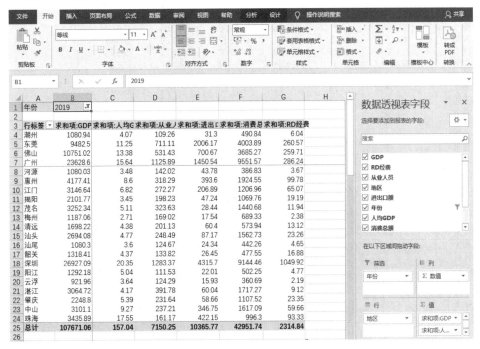

图 6-1

In	X.rank(ascending=False).astype(int) #这里的 astype(int)表示将实数转换为整数

Out

	GDP	RD 经费	人均 GDP	从业人员	消费总额	进出口额
地区						
深圳	1	1	1	1	2	1
广州	2	2	3	2	1	3
佛山	3	4	4	4	4	4
东莞	4	3	5	3	3	2
惠州	5	5	7	7	5	6
…	…	…	…	…	…	…
梅州	17	20	21	14	14	20
潮州	18	16	16	21	17	15
汕尾	19	18	18	18	19	18
河源	20	19	19	16	20	14
云浮	21	21	17	19	21	21

ascending=False 表示数据从大到小排序或编秩，默认值为 True。

在 B27 单元格中输入=RANK(B4,B$4:B$24)，然后通过自动填充扩展到 G47，如图 6-2 所示。

A26 RANK

	A	B	C	D	E	F	G	H	I
1	年份	2019							
2									
3	行标签	求和项:GDP	求和项:人均G	求和项:从业人	求和项:进出口	求和项:消费总	求和项:RD经费		
4	潮州	1080.94	4.07	109.26	31.3	490.84	6.04		
5	东莞	9482.5	11.25	711.11	2006.17	4003.89	260.57		
6	佛山	10751.02	13.38	531.43	700.67	3685.27	259.71		
7	广州	23628.6	15.64	1125.89	1450.54	9551.57	286.24		
26	RANK								
27	潮州	18	16	21	15	17	16		
28	东莞	4	5	3	2	3	3		
29	佛山	3	4	4	4	4	4		
30	广州	2	3	2	3	1	2		
31	河源	20	19	16	14	20	19		
32	惠州	5	7	7	6	5	5		
33	江门	8	8	8	8	10	7		
34	揭阳	13	20	13	13	12	11		
35	茂名	7	10	6	16	9	14		
36	梅州	17	21	14	20	14	20		
37	清远	14	13	12	10	15	13		
38	汕头	11	12	9	9	8	10		
39	汕尾	19	18	18	18	19	18		
40	韶关	15	14	17	17	18	12		
41	深圳	1	1	1	1	2	1		
42	阳江	16	11	20	19	16	17		
43	云浮	21	17	19	21	21	21		
44	湛江	10	15	5	11	6	15		
45	肇庆	12	9	11	12	11	9		
46	中山	9	6	10	7	7	8		
47	珠海	6	2	15	5	13	6		

图 6-2

但该方法不适合用于对多变量原始数据进行综合排序，因为数据的单位和量纲有可能不同，无法直接相加，所以无法进行综合评价。要对指标进行综合评价，首先需对数据进行无量纲化。

2．数据的无量纲化方法

虽然数据框中的所有变量都是数值数据，但显然这些变量的单位和量纲还是不同的，通常需要将它们进行无量纲化转换。观测指标的无量纲化指的是通过某种变换方式消除各个观测指标的计量单位，使其统一、可比的变换过程。把数据无量纲化之后，数据在横向和纵向上的对比清晰，便于比较分析。

对于正向指标（越大越好），数据的无量纲化一般方法如下。

$$z = \frac{x}{x_0}$$

式中，x 为观测值，x_0 为评价标准值。经过这种变换，既可以消除指标的计量单位，又可以统一其数量级，但这种变换并不能消除各个指标内部取值之间的差异程度。所以常用下面无量纲化方法对数据进行变换。

对于负向指标（越小越好），通常是先对数据取倒数 $1/x$，再进行无量纲化。

在社会科学的研究中常用的无量纲化方法主要是规范化（归一化），如下。

$$z = \frac{x - x_{min}}{x_{max} - x_{min}}$$

式中，x 为某一列变量的观测值，x_{min} 为 x 的最小观测值，x_{max} 为 x 的最大观测值。常对不是正态分布的数据进行规范化，经过规范化变换，消除了观测值的计量单位，变换后指标 z 的值为 0～1。

在实际变换中，人们习惯于按百分制来进行评价，故常将上述变换式子乘 100。有时为使综合评价指标不出现 0 和负值，常在变换式子后加一个常数项，改进的规范化（归一化）方法如下。

$$z = \frac{x - x_{min}}{x_{max} - x_{min}} \times 100 + a$$

通过这种变换，可使数据限定在$[a,100]$中变化，使得数值可比，如取 $a=0$、$b=100$ 可使数据变成范围为$[0,100]$的数值。

这种无量纲化方法的好处是，它不仅在纵向上消除了不同指标的不同数量级的影响，在横向上还能使得各地区的得分为 100，易于比较。

对每个变量，用上述的公式进行规范化，于是可形成无量纲化矩阵 $\boldsymbol{Z}=[z_1,z_1,\cdots,z_m]$，这里 m 表示变量的个数。

下面用规范化方法计算各个指标的单向评价分数，这里我们取 $a=0$、$b=100$，计算结果如下。

In	def z(x): return (x-x.min())/(x.max()-x.min())*100
In	Z=X.apply(z,axis=0); Z #将 z 函数应用到 X 的各列

		GDP	RD 经费	人均 GDP	从业人员	消费总额	进出口额
	地区						
	深圳	100.000	100.000	100.000	100.000	95.571	100.000
	广州	87.316	27.111	73.299	86.587	100.000	33.365
	佛山	37.797	24.579	60.488	35.957	36.173	15.925
	东莞	32.919	24.661	48.413	51.260	39.639	46.287
Out	惠州	12.518	9.314	33.390	17.803	17.015	8.783
	...	...	...	...	...	...	...
	梅州	1.019	0.018	0.000	5.090	3.576	0.037
	潮州	0.611	0.367	7.710	0.000	1.416	0.357
	汕尾	0.609	0.235	5.045	1.312	0.888	0.196
	河源	0.608	0.141	4.365	2.790	0.284	0.648
	云浮	0.000	0.000	5.272	1.280	0.000	0.000

把数据无量纲化之后，横向和纵向上的对比清晰，便于理解、分析。

In	import cufflinks; Z.iplot(kind='box'); #Z.plot(kind='box');
Out	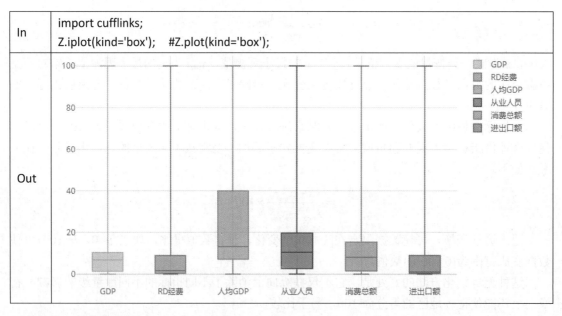

【Excel 的基本操作】

在单元格 B49 中输入=(B4-MIN(B$4:B$24))/(MAX(B$4:B$24)-MIN(B$4:B$24))*100，然后通过自动填充扩展到单元格 G69，如图 6-3 所示。

| B49 | | ▼ | : | × | ✓ | fx | =(B4-MIN(B$4:B$24))/(MAX(B$4:B$24)-MIN(B$4:B$24))*100 | | |

	A	B	C	D	E	F	G	H	I
1	年份	2019	▼						
2									
3	行标签	求和项:GDP	求和项:人均G	求和项:从业人	求和项:进出口	求和项:消费总	求和项:RD经费		
4	潮州	1080.94	4.07	109.26	31.3	490.84	6.04		
5	东莞	9482.5	11.25	711.11	2006.17	4003.89	260.57		
6	佛山	10751.02	13.38	531.43	700.67	3685.27	259.71		
7	广州	23628.6	15.64	1125.89	1450.54	9551.57	286.24		
48	Z								
49	潮州	0.611	7.710	0.000	0.357	1.416	0.367		
50	东莞	32.919	48.413	51.260	46.287	39.639	24.661		
51	佛山	37.797	60.488	35.957	15.925	36.173	24.579		
52	广州	87.316	73.299	86.587	33.365	100.000	27.111		
53	河源	0.608	4.365	2.790	0.648	0.284	0.141		
54	惠州	12.518	33.390	17.803	8.783	17.015	9.314		
55	江门	8.555	23.299	13.884	4.441	9.208	6.002		
56	揭阳	4.537	4.195	7.578	0.728	7.715	1.623		
57	茂名	8.961	13.605	18.258	0.291	11.751	0.931		
58	梅州	1.019	0.000	5.090	0.037	3.576	0.018		
59	清远	2.985	9.467	7.825	1.034	2.320	1.043		
60	汕头	6.815	11.678	11.858	1.657	13.079	2.011		
61	汕尾	0.609	5.045	1.312	0.196	0.888	0.235		
62	韶关	1.525	9.410	2.092	0.245	1.271	1.402		
63	深圳	100.000	100.000	100.000	100.000	95.571	100.000		
64	阳江	1.424	13.209	0.193	0.141	1.540	0.246		
65	云浮	0.000	5.272	1.280	0.027	14.760	0.661		
66	湛江	8.240	8.277	24.062	1.026	14.760	0.661		
67	肇庆	5.102	15.193	10.423	0.994	8.126	2.020		
68	中山	8.380	37.188	10.898	7.694	13.670	5.485		
69	珠海	9.667	84.127	4.421	9.447	6.916	8.699		

图 6-3

6.1.2　综合评价指数的构建

1. 指标权重计算

综合评价方法具有以下特点：包含若干指标，分别用于说明被评价对象的不同方面；评价方法最终要对被评价对象做出一个整体性的评判，用一个总指标来说明被评价对象的一般水平。

评价指标的权重是指在评价指标体系中每个指标的重要程度占该指标群的比重。在综合评价中，各指标在指标群中的重要性不同，因此，不能等量齐观，必须客观地确定各指标的权重。权重的确定是否准确直接影响综合评价的结果是否准确，因而，科学地确定指标权重在综合评价中具有举足轻重的作用。目前综合评价的方法有很多，根据权重确定方法的不同，这些方法可以大致分为主观赋权法和客观赋权法两类。德尔菲法（也称专家评估法）是一种主观赋权法，往往需要聘请评价对象所属领域内的专家对各个评价指标的重要程度进行评定并给出权重。层次分析法是一种半主观、半客观的赋权法，熵值法是一种客观赋权法，其给出的指标权重比德尔菲法和层次分析法有较高的可信度，但对数据要求较高，如要求为正态数据等。主成分法也是一种客观赋权法，但使用该方法通常会损失一些信息。

下面给出两种简单、实用的确定指标权重的客观方法。

（1）等权法

当我们不能确定指标的权重时，可给每个指标赋予相同的权重。

117

In	m=Z.shape[1];m	#m 表示变量个数（列数）
	W1=[1/m]*m;W1	#指标等权
Out	[0.166666, 0.166666, 0.166666, 0.166666, 0.166666, 0.166666]	

（2）变异系数法

变异系数又称"标准差率"，是衡量数据中各观测值变异程度的一种统计量。当进行两个或多个资料变异程度的比较时，如果度量单位与平均数相同，可以直接利用标准差来比较；如果度量单位或平均数不同，比较其变异程度就不能采用标准差，而要采用标准差与平均数的比值（相对值）来比较。在评价指标体系中，指标取值差异越大的指标，也就是越难以实现的指标，这样的指标更能反映被评价对象的差距。

变量 X_j 的标准差与平均数的比值称为变异系数，记为 V_j。

$$v_j = \frac{x_j \cdot std}{x_j \cdot mean} \ (j=1,2,\cdots,m)$$

于是变量的权重如下。

$$W_j = \frac{V_j}{\sum_{j=1}^{m} V_j} \ (j=1,2,\cdots,m)$$

In	CV=Z.std()/Z.mean(); CV W2=CV/CV.sum(); W2	
Out	GDP	0.170
	RD 经费	0.215
	人均 GDP	0.108
	从业人员	0.140
	消费总额	0.155
	进出口额	0.212

广东省各地区经济发展指标的权重如表 6-1 所示。

表 6-1　　　　　广东省各地区经济发展指标的权重

指标	权重 1（等权法）	权重 2（变异系数法）
GDP	1/6 =0.1666	0.170
人均 GDP	1/6 =0.1666	0.108
从业人员	1/6 =0.1666	0.140
进出口额	1/6 =0.1666	0.212
消费总额	1/6 =0.1666	0.155
RD 经费	1/6 =0.1666	0.215

【Excel 的基本操作】

（1）在单元格 B70 中输入=STDEV(B$49:B$69)/AVERAGE(B$49:B$69)，然后通过自动填充扩展到单元格 G70。

（2）在单元格 B71 中输入=B70/SUM($B70:$G70)，然后通过自动填充扩展到单元格 G71，如图 6-4 所示。

	A	B	C	D	E	F	G	H
	B71			fx	=B70/SUM($B70:$G70)			
				编辑栏				
		A	B	C	D	E	F	G	H
1	年份	2019						
2								
3	行标签	求和项:GDP	求和项:人均G	求和项:从业丿	求和项:进出г	求和项:消费总	求和项:RD经费	
4	潮州	1080.94	4.07	109.26	31.3	490.84	6.04	
5	东莞	9482.5	11.25	711.11	2006.17	4003.89	260.57	
6	佛山	10751.02	13.38	531.43	700.67	3685.27	259.71	
7	广州	23628.6	15.64	1125.89	1450.54	9551.57	286.24	
63	深圳	100.000	100.000	100.000	100.000	95.571	100.000	
64	阳江	1.424	13.209	0.193	0.141	1.540	0.246	
65	云浮	0.000	5.272	1.280	0.000	0.000	0.000	
66	湛江	8.240	8.277	24.062	1.026	14.760	0.661	
67	肇庆	5.102	15.193	10.423	0.994	8.126	2.020	
68	中山	8.380	37.188	10.898	7.694	13.670	5.485	
69	珠海	9.667	84.127	4.421	9.447	6.916	8.699	
70	CV	1.710	1.087	1.402	2.127	1.555	2.164	
71	W2	0.170	0.108	0.140	0.212	0.155	0.215	
72								

图 6-4

2．综合评价指数计算

综合评价指数的合成方法指无量纲化变换后的各个指标按照某种方法进行综合，得出一个可用于评价、比较的综合评价指标。综合评价指数的计算方法较多，如平均评分法、加权求和法、层次分析法等。

简单算术平均法是将不同评价指标的重要性同等看待的，但现实中综合评价指标体系中各指标的重要性是不同的，故应赋予它们不同分量的权重，这样才能准确地反映综合评价指标的合成值。

采用综合评价法进行计算时，对不同指标给出合适的权重是一个关键的问题，选择不同的权重，很可能会出现不同的评价结果。

（1）使用平均法求综合评价指数

平均法的计算是把各指标（列变量）的规范化数据直接相加，得到一个总分，然后除以指标个数，最后根据平均得分的高低来判定评价对象的优劣。这种方法的好处是，对各指标赋予同样的权重进行同等看待，省去了确定指标权重的复杂步骤，是较简单的综合评价方法，如下。

$$S_i = \sum_{j=1}^{m} z_{ij} w_j = \sum_{j=1}^{m} z_{ij} \frac{1}{m} = \overline{Z}_i$$

式中，z_{ij} 为无量纲数据，w_j 为指标权重，S_i 是评价总体中第 i 个观察单位的综合评价值，m 是指标个数。

写成矩阵形式即 $\boldsymbol{S} = \boldsymbol{Z} \cdot \boldsymbol{W}$，其中 $\boldsymbol{Z}$ 为无量纲矩阵，$\boldsymbol{W}$ 为指标权重向量。

下面介绍对规范化数据使用平均法计算得分。

In	S1=Z.dot(W1);S1　　#使用平均法计算得分
Out	地区 深圳　　99.262 广州　　67.946 佛山　　35.153 东莞　　40.530 惠州　　16.471 　　　　　... 梅州　　1.623 潮州　　1.744 汕尾　　1.381 河源　　1.473 云浮　　1.092
In	S1_r=S1.rank(ascending=False).astype(int) ;S1_r
Out	地区 深圳　　1 广州　　2 佛山　　4 东莞　　3 惠州　　6 　　　　.. 梅州　　18 潮州　　17 汕尾　　20 河源　　19 云浮　　21

从综合评价指数可以看出，综合水平位列前 4 的地区分别为深圳、广州、东莞、佛山，其中深圳分值最高。排名靠后的是汕尾和云浮。

上面是按照平均法计算的综合评价指数，从中可以清楚地看出每个地区经过平均法计算后的排名，选用其他方法可能会得到不同的综合得分和排名。下面介绍使用变异系数法计算综合得分。

（2）使用变异系数法求综合得分

使用变异系数法计算各地区的经济指标权重后，运用加权综合评价模型，对经济指标进行测算，评价模型如下。

$$S_i = \sum_{j=1}^{m} z_{ij} w_j$$

式中，z_{ij} 是无量纲化数据，w_j 是第 j 个指标的权重，S_i 是评价总体中第 i 个观察单位的综合评价值，m 是指标个数。

也可以写成矩阵形式，即　　　　　$\boldsymbol{S} = \boldsymbol{Z} \cdot \boldsymbol{W}$。

这里，$\boldsymbol{Z}$ 是规范化得分，$\boldsymbol{W}$ 是变异系数法权重，$\boldsymbol{S}$ 是变异系数法得分。

In	S2=Z.dot(W2); S2
Out	地区 深圳　99.314 广州　63.266 佛山　32.265 东莞　39.248 惠州　14.730 　　　... 梅州　1.449 潮州　1.313 汕尾　1.062 河源　1.177 云浮　0.749
In	S2_r=S2.rank(ascending=False).astype(int) ;S2_r
Out	地区 深圳　1 广州　2 佛山　4 东莞　3 惠州　6 ...　　... 梅州　17 潮州　18 汕尾　20 河源　19 云浮　21

从平均法和变异系数法的结果可以看出，两种方法的计算结果还是有一些差别的，因为平均法用的是等权的方式，而变异系数法是根据不同指标的权重来计算综合得分的，但总的趋势应该差不多。下面是两种方法计算的综合得分结果的比较。

In	S12=DataFrame({'平均得分':S1,'平均排名':S1_r,'系数得分':S2,'系数排名':S2_r});S12				
Out		平均得分	平均排名	系数得分	系数排名
	地区				
	深圳	99.262	1	99.314	1
	广州	67.946	2	63.266	2
	佛山	35.153	4	32.265	4
	东莞	40.530	3	39.248	3
	惠州	16.471	6	14.730	6
	…	…	…	…	…
	梅州	1.623	18	1.449	17
	潮州	1.744	17	1.313	18
	汕尾	1.381	20	1.062	20
	河源	1.473	19	1.177	19
	云浮	1.092	21	0.749	21

【Excel 的基本操作】

① 在单元格 H49 中输入=AVERAGE(B49:G49)，然后通过自动填充扩展到单元格 H69。

② 在单元格 I49 中输入=RANK(H49,H$49:H$69)，然后通过自动填充扩展到单元格 I69。

③ 在单元格 J49 中输入=B49*B$71+C49*C$71+D49*D$71+E49*E$71+F49*F$71+ G49*G$71，然后通过自动填充扩展到单元格 J69。

④ 在单元格 K49 中输入=RANK(J49,J$49:J$69)，然后通过自动填充扩展到单元格 K69，如图 6-5 所示。

J49 fx =B49*B$71+C49*C$71+D49*D$71+E49*E$71+F49*F$71+G49*G$71

	A	B	C	D	E	F	G	H	I	J	K	L
1	年份	2019										
2												
3	行标签	求和项:GDP	求和项:人均G	求和项:从业人	求和项:进出口	求和项:消费总	求和项:RD经费					
4	潮州	1080.94	4.07	109.26	31.3	490.84	6.04					
5	东莞	9482.5	11.25	711.11	2006.17	4003.89	260.57					
6	佛山	10751.02	13.38	531.43	700.67	3685.27	259.71					
7	广州	23628.6	15.64	1125.89	1450.54	9551.57	286.24					
48	Z							S1	R1	S2	R2	
49	潮州	0.611	7.710	0.000	0.357	1.416	0.367	1.744	17	1.313	18	
50	东莞	32.919	48.413	51.260	46.287	39.639	24.661	40.530	3	39.248	3	
51	佛山	37.797	60.488	35.957	15.925	36.173	24.579	35.153	4	32.265	4	
52	广州	87.316	73.299	86.587	33.365	100.000	27.111	67.946	2	63.266	2	
53	河源	0.608	4.365	2.790	0.648	0.284	0.141	1.473	19	1.177	19	
54	惠州	12.518	33.390	17.803	8.783	17.015	9.314	16.471	6	14.730	6	
55	江门	8.555	23.299	13.884	4.441	9.208	6.002	10.898	8	9.574	8	
56	揭阳	4.537	4.195	7.578	0.728	7.715	1.623	4.396	13	3.982	13	
57	茂名	8.961	13.605	18.258	0.291	11.751	0.931	8.966	10	7.627	10	
58	梅州	1.019	0.000	5.090	0.037	3.576	0.018	1.623	18	1.449	17	
59	清远	2.985	9.467	7.825	1.034	2.320	1.043	4.112	14	3.428	14	
60	汕头	6.815	11.678	11.858	1.657	13.079	2.011	7.850	11	6.887	11	
61	汕尾	0.609	5.045	1.312	0.196	0.888	0.235	1.381	20	1.062	20	
62	韶关	1.525	9.410	2.092	0.245	1.271	1.402	2.657	16	2.121	15	
63	深圳	100.000	100.000	100.000	100.000	95.571	100.000	99.262	1	99.314	1	
64	阳江	1.424	13.209	0.193	0.141	1.540	0.246	2.792	15	2.020	16	
65	云浮	0.000	5.272	1.280	0.000	0.000	0.000	1.092	21	0.749	21	
66	湛江	8.240	8.277	24.062	1.026	14.760	0.661	9.504	9	8.301	9	
67	肇庆	5.102	15.193	10.423	0.994	8.126	2.020	6.976	12	5.871	12	
68	中山	8.380	37.188	10.898	7.694	13.670	5.485	13.886	7	11.899	7	
69	珠海	9.667	84.127	4.421	9.447	6.916	8.699	20.546	5	16.313	5	
70	CV	1.710	1.087	1.402	2.127	1.555	2.164	1.674				
71	W2	0.170	0.108	0.140	0.212	0.155	0.215	0.167				

图 6-5

3. 综合评价指数的可视化

（1）方法得分条图

In	S1.iplot(kind='barh'); #S1.plot(kind='barh');
Out	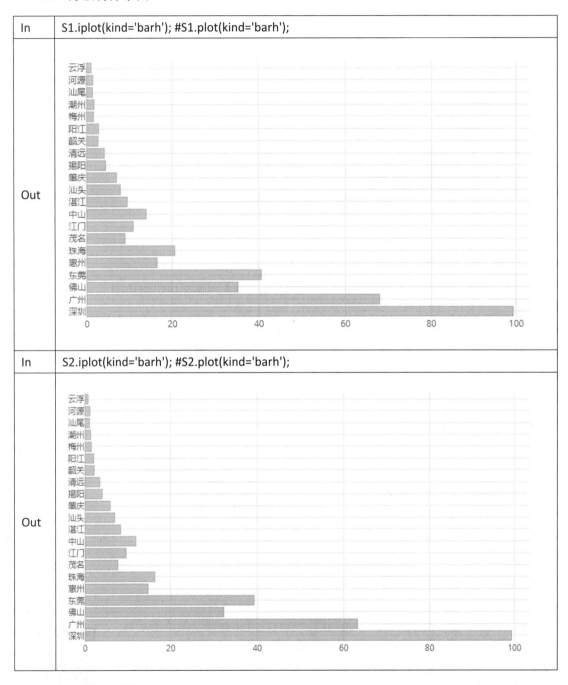
In	S2.iplot(kind='barh'); #S2.plot(kind='barh');

（2）方法比较条图

In	S12[['平均得分','系数得分']].iplot(kind='barh',legend='top');
Out	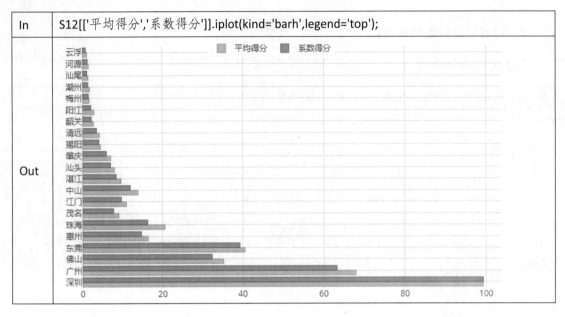

（3）得分和排名比较条图

In	S12.iplot(kind='bar',subplots=True,shape=(2,2),shared_xaxes=True,fill=True)
Out	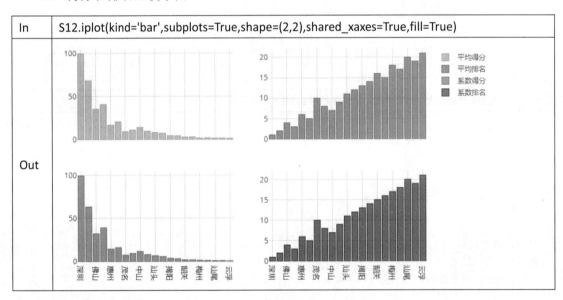

6.2 综合指数的监测预警

　　宏观经济综合监测预警体系，是利用一系列经济指标建立起来的宏观经济"晴雨表"或"报警器"。它之所以能像"晴雨表"或"报警器"那样发挥监测和预警的作用，一是因为经济数据本身在客观上存在着周期波动；二是因为在经济数据波动过程中，经济发展中的一些问题可以通过一些指标率先暴露或反映出来。为了满足宏观经济管理的需要，探求经济数据周期波动规律，西方经济统计学家们早在很久以前就开始了经济景气监测预警的研究工作。从 19 世纪末到 20 世纪的 70 年代，经过半个多世纪的不懈努力，经济景气监

综合指数的预警
监测

测预警体系得以不断完善，并为世界各国所熟悉。中国在 20 世纪 80 年代末也开始了这方面的研究与应用。

6.2.1　综合指数的构建

前文我们介绍了计算 2019 年广东省 21 个地区的经济数据，然而我们进行综合评价的目的不仅是进行横向比较，更多的是要进行纵向比较，下面我们将前文介绍的计算综合得分使用的方法和代码形成计算综合指数的函数。

这里我们用的是变异系数法计算权重。

| In | ```python
def Rank(year,data):
    X=data[data.年份==year].drop(columns='年份').set_index('地区');
    def z(x): return (x-x.min())/(x.max()-x.min())*100 #规范化
    Z=X.apply(z,axis=0)
    CV=Z.std()/Z.mean()    #变异系数
    W=CV/CV.sum();
    S=Z.dot(W);
    SR=DataFrame({'年份':year,'综合评分':S,'综合排名':S.rank(ascending=False)})
    return SR.reset_index()
``` |
In	`Rank(2000,GD)   #计算 2000 年各地区综合指数`
Out	 |　|地区|年份|综合评分|综合排名
0	广州	2000	75.599	2
1	深圳	2000	87.828	1
2	佛山	2000	27.820	3
3	东莞	2000	23.611	4
4	江门	2000	13.847	6
...	...	...	...	...
16	阳江	2000	3.965	17
17	清远	2000	4.102	16
18	云浮	2000	2.585	20
19	汕尾	2000	2.846	19
20	河源	2000	1.595	21	 [21 rows × 4 columns]
| In | ```python
SR=DataFrame()   #计算 20 年各地区的综合指数并合并成一个数据框
for year in range(2000,2020):
    SR=SR.append(Rank(year,GD))
SR
``` |

Out		地区	年份	综合评分	综合排名
	0	广州	2000	75.599	2
	1	深圳	2000	87.828	1
	2	佛山	2000	27.820	3
	3	东莞	2000	23.611	4
	4	江门	2000	13.847	6
	...	...	...	...	...
	16	梅州	2019	1.449	17
	17	潮州	2019	1.313	18
	18	汕尾	2019	1.062	20
	19	河源	2019	1.177	19
	20	云浮	2019	0.749	21
	[420 rows x 4 columns]				

上面我们通过循环计算了 20 年广东省各地区的综合得分及综合排名。

6.2.2 综合指数的差异分析

1. 绝对差异分析

绝对差异指标是衡量区域经济在数量上的偏离程度的指标。常用的指标有标准差和四分位数间距等，这些我们在前文已经介绍过，这里直接使用它们来进行分析。

In	```def IQR(x):return(x.quantile(0.75)-x.quantile(0.25)) #四分位数间距```
	 ```SR_ad=SR.groupby('年份')['综合评分'].agg([np.size,np.mean,np.median, np.std,IQR]);```
	 ```SR_ad```

Out	年份	均值	标准差	中位数	四分位数间距
	2000	16.582	22.830	10.775	9.746
	2001	15.498	21.168	9.925	10.517
	2002	15.804	21.546	9.373	10.460
	2003	15.782	22.062	7.836	10.993
	2004	15.629	22.414	7.814	11.969
	...	...	...	...	...
	2015	15.957	23.590	6.850	11.741
	2016	15.954	23.694	6.997	11.832
	2017	16.143	23.827	7.399	12.451
	2018	15.867	23.651	7.262	11.989
	2019	15.838	24.646	6.887	12.710

In	```SR_ad[['均值','中位数']].iplot(yrange=(0,30),legend='top');```

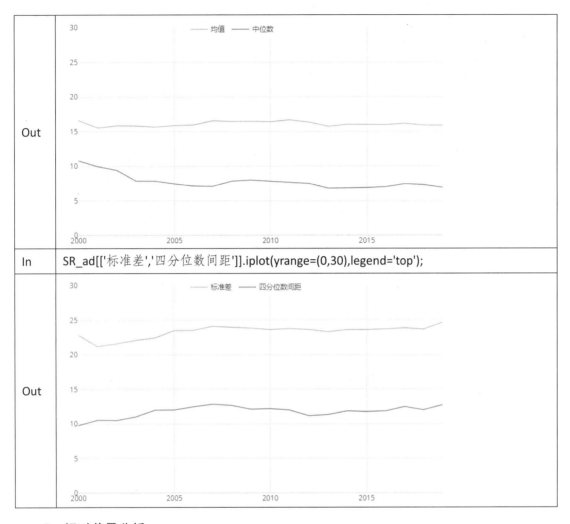

```
In   SR_ad[['标准差','四分位数间距']].iplot(yrange=(0,30),legend='top');
```

2. 相对差异分析

相对差异指标是用来说明区域经济之间的比例的指标，其结果是相对的。常用的指标有变异系数和基尼指数等。限于篇幅，我们仅介绍变异系数和稳健变异系数的计算方法。

（1）变异系数

标准差 s 与平均数 $\bar{x}$ 的比值称为变异系数，记为 CV。

$$CV = \frac{s}{\bar{x}}$$

```
In   def cv(x):return x.std()/x.mean()
```

（2）稳健变异系数

变异系数通常要求数据来自正态分布数据，当数据不是来自正态分布数据时，可用非参数的变异系数来度量。即四分位数间距 IQR 与中位数的比值称为稳健变异系数，记为 RCV。

$$RCV = \frac{IQR}{median}$$

In	`def RCV(x):return IQR(x)/x.median()`
In	`SR_rd=SR.groupby('年份')['综合评分'].agg([CV,RCV]);` `SR_rd.columns=['变异系数','稳健变异系数'];SR_rd`
Out	变异系数　　稳健变异系数 年份 2000　　1.377　　　0.905 2001　　1.366　　　1.060 2002　　1.363　　　1.116 2003　　1.398　　　1.403 2004　　1.434　　　1.532 ...　　　...　　　　... 2015　　1.478　　　1.714 2016　　1.485　　　1.691 2017　　1.476　　　1.683 2018　　1.491　　　1.651 2019　　1.556　　　1.845
In	`SR_rd.iplot(yrange=(0,2),legend='top')`
Out	

6.2.3　综合指数的监测预警

在本书中，由于对指标进行了规范化处理，所以综合指数的变动范围也为[0,100]，可简单地按下面的分组设置预警监测区域颜色，实际中的预警线有专门的计算方法。

[0,20) 蓝色区域；[20,40) 绿色区域；[40,60) 黄色区域；[60,80) 橙色区域；[80,100] 红色区域。

1. 单地区监测图

In	GZscore=SR[SR.地区=='广州'][['年份','综合评分']].set_index('年份');GZscore
Out	综合评分 年份 2000　　75.599 2001　　64.085 2002　　64.894 2003　　64.112 2004　　62.674 ...　　　... 2015　　66.018 2016　　65.933 2017　　65.844 2018　　63.673 2019　　63.266
In	GZscore=SR[SR.地区=='广州'][['年份','综合评分']].set_index('年份');GZscore
Out	

2．多地区监测图

In	SR.pivot('年份','地区','综合评分').round(2)								
	地区	东莞	中山	云浮	佛山	...	肇庆	茂名	阳江	韶关
	年份					...				
	2000	23.611	11.721	2.585	27.820	...	6.513	10.875	3.965	4.820
	2001	22.383	12.207	2.399	27.982	...	6.828	10.736	3.744	4.184
	2002	24.883	13.156	2.073	29.133	...	6.825	10.715	3.868	4.967
	2003	25.869	14.594	1.398	31.502	...	6.326	10.503	3.601	5.286
Out	2004	29.608	15.301	1.128	33.487	...	5.945	9.634	3.253	3.897
	...	...	...	...	...	...	...	...	...	...
	2015	34.396	15.013	0.950	33.417	...	6.619	8.035	3.808	2.939
	2016	35.512	14.889	0.958	32.867	...	6.471	7.985	3.424	2.828
	2017	36.353	15.071	0.869	32.528	...	6.097	8.184	3.340	2.964
	2018	37.079	13.748	0.815	31.461	...	5.835	7.783	3.001	2.979
	2019	39.248	11.899	0.749	32.265	...	5.871	7.627	2.020	2.121

In	SR.pivot('年份','地区','综合排名')								
	地区	东莞	中山	云浮	佛山	...	肇庆	茂名	阳江	韶关
	年份					...				
	2000	4	9	20	3	...	13	10	17	14
	2001	4	8	20	3	...	12	9	16	14
	2002	4	8	20	3	...	12	9	16	14
	2003	4	6	20	3	...	12	9	16	14
Out	2004	4	5	20	3	...	12	9	16	14
	...	...	...	...	...	...	...	...	...	...
	2015	3	5	21	4	...	12	10	15	16
	2016	3	5	21	4	...	12	10	15	16
	2017	3	7	21	4	...	12	10	15	16
	2018	3	7	21	4	...	12	10	15	16
	2019	3	7	21	4	...	12	10	16	15

In	SR.pivot('年份','地区','综合评分').iplot()
Out	

In	#选取综合得分大于等于 30 的地区进行比较监测
	Score_30=SR[SR.综合评分>=30].pivot_table('综合评分','年份','地区');Score_30

Out	地区　　东莞　　佛山　　广州　　深圳 年份 2000　NaN　　NaN　75.599　87.828 2001　NaN　　NaN　64.085　85.625 2002　NaN　　NaN　64.894　86.863 2003　NaN　31.502　64.112　89.186 2004　NaN　33.487　62.674　90.169 ...　　...　　...　　...　　... 2015　34.396　33.417　66.018　93.652 2016　35.512　32.867　65.933　94.065 2017　36.353　32.528　65.844　94.839 2018　37.079　31.461　63.673　94.908 2019　39.248　32.265　63.266　99.314
In	Score_30.iplot(yrange=(0,120),legend='top')
Out	

练习题 6

计算题

假定 2002 年 35 个核心城市综合竞争力评价指标如下。

X1：国内生产总值（亿元）。

X2：一般预算收入（亿元）。

X3：固定资产投资（亿元）。

X4：外贸进出口（亿美元）。

X5：城市居民人均可支配收入（元）。

X6：人均国内生产总值（元）。

X7：人均贷款余额（元）。

城市	X1	X2	X3	X4	X5	X6	X7
上海	5408.8	717.8	2158.4	726.6	13250	36206	52645
北京	3130	534	1814.3	872.3	12464	24077	61369
广州	3001.7	245.9	1001.5	525.1	13381	38568	67116
深圳	2239.4	303.3	478.3	279.3	24940	136071	187300
天津	2022.6	171.8	811.6	228.3	9338	20443	25784
重庆	1971.1	157.9	995.7	17.9	7238	9038	10113
杭州	1780	118.3	769.4	131.1	11778	38247	73948
成都	1663.2	78.3	702.1	20.8	8972	20111	35764
青岛	1518.2	100.7	367.8	169.3	8721	26961	32722
宁波	1500.3	111.8	747.2	122.7	12970	35446	42341
武汉	1493.1	85.8	570.4	22	7820	16206	18033
大连	1406	98.7	601.3	146	8200	29706	38514
沈阳	1400	92.5	402	28.6	7050	19407	26598
南京	1295	144.1	602.9	10.1	9157	27128	55325
哈尔滨	1232.1	67.7	361.1	17.1	7004	18244	25825
济南	1200	66.3	404.7	14.9	8982	25192	36975
石家庄	1184	44.5	412.3	11.4	7230	25476	42322
福州	1160.2	60.2	284	61	9191	31582	49941
长春	1150	37.8	320.5	28.9	6900	21336	35233
郑州	926.8	54.2	340	10.4	7772	16028	32598
西安	823.5	60.1	338.2	18.7	7184	15493	23596
长沙	810.9	46.1	362.6	16.6	9021	23942	29313
昆明	730	54.7	290	13.4	7381	24109	33445
厦门	648.3	64.3	211.7	151.9	11768	38567	34799
南昌	552	25.7	137	9.1	7021	18388	22288
太原	432.2	26.8	147.6	15.1	7376	12821	26118
合肥	412.4	29.1	168.6	23	7144	17770	40956
兰州	386.8	21.1	194.5	5.1	6555	15051	31075
南宁	356	26.2	122.9	5.5	8796	16121	31689
乌鲁木齐	354	37.3	147.9	6.4	8653	17655	3772
贵阳	336.4	33	187.4	5.7	7306	11728	20768
呼和浩特	300	16.6	131.3	3.4	6996	11789	23439
海口	157.9	8.5	82.6	11.3	8004	23920	69733
银川	133	11.1	73	2.3	6848	11975	28367
西宁	121.3	7.2	77.4	1	6444	6676	17114

数据来源：《2003 年中国统计年鉴》

请对这 35 个核心城市综合竞争力进行综合排名。

第 7 章　数据统计推断及可视化

在统计学领域，有些人将数据分析划分为描述性统计分析、探索性数据分析以及推断性数据分析。探索性数据分析侧重于在数据之中发现新的特征，而推断性数据分析则侧重于对已有假设进行证实或证伪。

数据统计分析的目的是把隐藏在一大批看起来杂乱无章的数据中的信息集中和提炼出来，从而找出所研究对象的内在的统计规律。在实际应用中，数据统计分析可帮助人们做出判断，以便采取适当的行动。

7.1　随机抽样及其分布图

7.1.1　总体和样本

1．基本概念

在数理统计中，称研究对象的全体为总体（population），通常用一个随机变量表示总体，组成总体的每个基本单元叫个体（individual）。从总体中随机抽取一部分个体 $X_1, X_2, \cdots, X_n$，称为取自总体的容量为 n 的样本（sample）。

随机抽样及其
分布图

（1）总体：对于一个统计问题，其研究对象的全体称为总体。

（2）个体：构成总体的每个成员称为个体。

（3）样本：从总体中抽取的部分个体组成的集合称为样本。

（4）样本量：样本中所含个体的个数称为样本量。

（5）统计量：不含未知参数的样本数量称为统计量。

2．随机抽样

（1）随机数：下面模拟生成一组正态分布随机数。如生成 100 个均值为 170cm，标准差为 9cm 的学生身高的正态分布随机数。当个数不断增加时越接近总体，当个数为无穷大时则为理论总体。

In	np.random.seed(1)　　　　　　　　#设置随机种子数以便重复结果 N=100　　　　　　　　　　　　　　#随机数个数 x=np.random.normal(170,9,N);　　　#X~N(170,3^2)=N(170,9) X=pd.DataFrame({'X':x.round(1)});X　　#形成数据框，保留 1 位小数
Out	X 0　184.6 1　164.5 2　165.2 3　160.3 4　177.8 ..　... 95　170.7 96　166.9 97　170.4 98　164.4 99　176.3
In	X.iplot(kind='hist')
Out	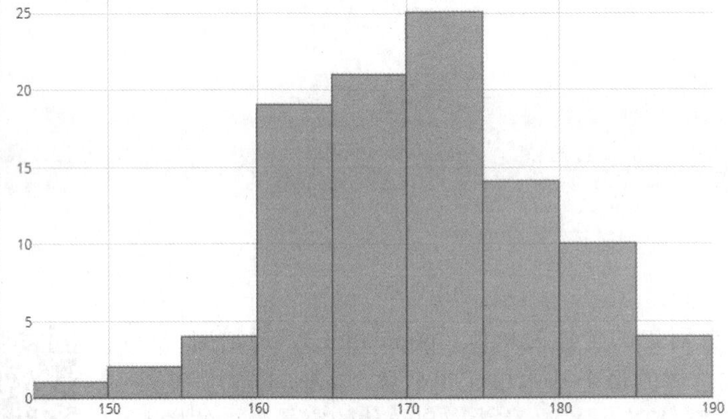

（2）随机样本：从上面的正态总体中随机抽取样本量为 10 的若干样本（注意，每次抽取的样本是不一样的）。

In	X.sample(10)　　#for i in range(5): print(X.sample(10))
Out	X 40　168.3 10　183.2 96　166.9 66　180.2 89　180.2 32　163.8 95　170.7 55　175.3 25　163.8 5　149.3

7.1.2   统计量的分布

1. 标准正态分布

若一组数据来自正态分布 $x \sim N(\mu, \sigma^2)$，则可用正态化变换将其转换为标准正态分布，如下。

$$z = \frac{x - \mu}{\sigma} \sim N(0,1)$$

根据中心极限定理可知，此时样本的均值服从正态分布，即 $\bar{x} \sim N(\mu, \sigma_{\bar{x}}^2) = N(\mu, \sigma^2 / n)$，对样本均值进行标准化也可得标准正态分布，如下。

$$z = \frac{\bar{x} - \mu}{\sigma_{\bar{x}}} = \frac{\bar{x} - \mu}{\sigma / \sqrt{n}} \sim N(0,1)$$

这里 $\sigma_{\bar{x}}$ 称为总体均值的标准差，也是总体均值的抽样误差。

2. t 分布

当总体标准差 σ 未知时，可用样本标准差 s 代替总体标准差，这时样本均值的标准化变量 t 服从 t 分布，公式如下。

$$t = \frac{\bar{x} - \mu}{s_{\bar{x}}} = \frac{\bar{x} - \mu}{s / \sqrt{n}} \sim t(n-1)$$

这里 $s_{\bar{x}}$ 称为样本均值的标准差，也是样本均值的抽样误差，简称标准误差。

可以证明，t 值服从 t 分布，当 n 趋向无穷大时，t 分布近似为标准正态分布 $N(0,1)$。

z 分布和 t 分布是进行参数估计和假设检验等统计推断的基础。

| In | ```import scipy.stats as st
x=np.arange(−4,4,0.1)
z_t=DataFrame({'z':st.norm.pDataFrame(x,0,1),
              't3':st.t.pDataFrame(x,3),   #n−1=3
              't10':st.t.pDataFrame(x,10)},index=x)   #n−1=10

print(z_t)``` |
|---|---|
| Out | ```   z   t3   t10
−4.0   1.338e-04   0.009   0.002
−3.9   1.987e-04   0.010   0.002
−3.8   2.919e-04   0.011   0.003
−3.7   4.248e-04   0.012   0.003
−3.6   6.119e-04   0.013   0.004
 ...   .
 3.5   8.727e-04   0.014   0.005
 3.6   6.119e-04   0.013   0.004
 3.7   4.248e-04   0.012   0.003
 3.8   2.919e-04   0.011   0.003
 3.9   1.987e-04   0.010   0.002
[80 rows x 3 columns]``` |

In	z_t.iplot()
Out	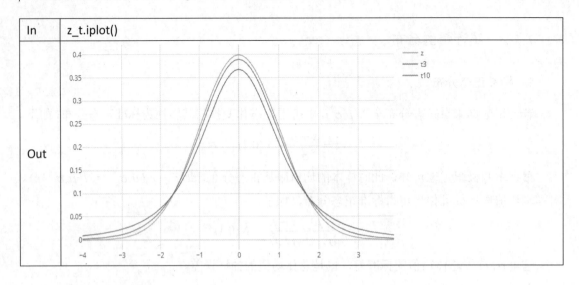

7.2　参数的统计推断

7.2.1　参数的估计方法

由样本统计量来估计总体参数有两种方式：点估计和区间估计。

1．点估计

点估计（point estimation），就是用样本统计量来估计相应的总体参数，如下：

参数的统计推断

样本均值 $\bar{x}$ →总体均值 μ；

样本标准差 s →总体标准差 σ；

样本比例 p →总体比例 P。

下面是样本 X 的各种统计量的点估计值，其中 X 为上节的随机抽样数据。

In	X.describe()	
		X
	count	100.000
	mean	170.549
	std	8.010
Out	min	149.300
	25%	164.475
	50%	170.600
	75%	175.775
	max	189.700

2．区间估计

根据前文介绍的统计理论可知，统计理论通常是以已知统计量（如均值）的抽样分布为基础的，为此我们便可对各参数值进行概率上的表述，例如，可以用95%的置信度来估计数的取值范围。

区间估计（interval estimation）是通过统计推断找到包括样本统计量在内（有时以统计量为中心）的一个区间，该区间被认为以多大概率（也可称可信度或置信度）可能性包含了总体参数。下面重点介绍均值的区间估计。

根据正态分布的性质，有如下公式。

$$z = \frac{\bar{x} - \mu}{\sigma/\sqrt{n}} \sim N(0,1)$$

于是可以给出其置信区间的一般公式，如下。

$$\left[\bar{x} - z_{1-\alpha/2}\frac{\sigma}{\sqrt{n}}, \ \bar{x} + z_{1-\alpha/2}\frac{\sigma}{\sqrt{n}} \right]$$

与前面介绍的正态分布的性质一样：

样本均值 $\bar{x}$ 落在 $(\bar{x} - 2\frac{\sigma}{\sqrt{n}}, \ \bar{x} + 2\frac{\sigma}{\sqrt{n}})$ 的概率大约为95%；

样本均值 $\bar{x}$ 落在 $(\bar{x} - 3\frac{\sigma}{\sqrt{n}}, \ \bar{x} + 3\frac{\sigma}{\sqrt{n}})$ 的概率大约为99%。

现实中，总体标准差通常未知。针对这种情况，可使用统计量及其分布进行计算，公式如下。

$$t = \frac{\bar{x} - \mu}{s/\sqrt{n}} \sim t(n-1)$$

式中，s 为样本的标准差，用它来代替总体标准差 σ，$t(n-1)$ 表示自由度为 $n-1$ 的 t 分布。

当数据服从正态分布时，可以运用 t 分布构造置信区间，如下。

$$\left[\bar{x} - t_{1-\alpha/2}(n-1)\frac{s}{\sqrt{n}}, \ \bar{x} + t_{1-\alpha/2}(n-1)\frac{s}{\sqrt{n}} \right]$$

用 SciPy 包的模块 stats 中的 t.interval 函数也可生成置信水平为 $1-\alpha$ 的置信区间，代码为：

stats.t.interval(b,df,loc,scale)。

其中，b 为置信水平为 $1-\alpha$；df 为自由度（$n-1$）；mean 为样本均值（集中位置）；se 为样本均值的标准误（变异刻度）。

In	import scipy.stats as st t_int=st.t.interval(0.95,df=len(X)-1,loc=np.mean(X),scale=st.sem(X)) t_int
Out	(array([168.9596]), array([172.1384]))
In	print('[下限(2.5%) 上限(97.5%)]') print('[%8.4f %8.4f]'%(t_int[0],t_int[1]))
Out	[下限(2.5%) 上限(97.5%)] [168.9596 172.1384]

结果表明，均值在[168.9596,172.1384]中的概率为95%。

7.2.2 假设检验的思想

假设检验（hypothesis testing），又称统计假设检验，是用来判断样本与样本、样本与总体的差异是由抽样误差引起的还是由本质差别造成的一种统计推断的方法。显著性检验是假设检验中较常用的一种方法，也是一种基本的统计推断形式，其基本原理是先对总体的特征做出某种假设，然后通过抽样研究的统计推理，对此假设应该被拒绝还是被接受做出推断。常用的假设检验方法有 z 检验、t 检验、F 检验和方差分析等。

1. 假设检验的基本思想

假设检验的基本思想是"小概率事件"原理，其统计推断方法是带有某种概率性质的反证法。小概率思想是指小概率事件在一次试验中基本不会发生。反证法思想是先提出检验假设，再用适当的统计方法，利用小概率原理，确定假设是否成立。即为了检验一个假设 H_0 是否正确，首先假定该假设 H_0 正确，然后根据样本对假设 H_0 做出接受或拒绝的决策。如果样本观察值导致了小概率事件发生，就应拒绝假设 H_0，否则应接受假设 H_0。

假设检验中所谓的小概率事件，并非逻辑中的绝对矛盾，而是基于人们在实践中广泛采用的原则，即小概率事件在一次试验中是几乎不发生的，但概率小到什么程度才能算作小概率事件？显然，小概率事件发生的概率越小，否定原假设 H_0 就越有说服力，常把这个概率值 α（$0<\alpha<1$），称为检验的显著性水平。对于不同的问题，检验的显著性水平 α 不一定相同，一般认为，事件发生的概率小于 0.05 即小概率事件。

2. 假设检验的基本步骤

（1）提出检验假设

检验假设又称零假设，符号是 H_0；备择假设的符号是 H_1。

H_0：样本与总体或样本与样本间的差异是由抽样误差引起的。

H_1：样本与总体或样本与样本间存在本质差异。

（2）给定显著性水平（显著性水平也称检验水平）

预先设定的检验水平为 0.05；检验假设为真，但被错误地拒绝的概率记作 α，通常取 $\alpha=0.05$。

（3）选定相应的统计方法

由样本观察值按相应的公式计算出统计量，如 t 值、F 值等。

（4）根据统计量计算相应的概率 p 值并下结论

根据统计量的大小及其分布确定检验假设成立的概率 p 值的大小并判断结果。

若 $p>\alpha$，结论为按 α 所取水准不显著，不拒绝 H_0，即认为差别很可能是由抽样误差造成的，在统计上不成立。

若 $p\leq\alpha$，结论为按 α 所取水准显著，拒绝 H_0，接受 H_1，即认为差别不大，可能仅由抽样误差所致，很可能是实验因素不同造成的，故在统计上成立。

7.2.3　均值比较的 *t* 检验

1．单样本均值的 *t* 检验

（1）单样本 *t* 检验的过程

如果我们假定 *x* 数据服从正态分布，下面比较样本均值与总体均值 μ 有无显著差别，即有无统计学意义。

① 检验假设 H_0：$\mu = \mu_0$，H_1：$\mu \neq \mu_0$。

② 给定检验水平 α；通常取 $\alpha = 0.05$。

③ 计算检验统计量，即 $t = \dfrac{\bar{x} - \mu}{s / \sqrt{n}}$。

统计量 *t* 服从 *t* 分布，即 $t \sim t(n-1)$。

④ 计算 *t* 值对应的 *p* 值。

⑤ 若 $p \leqslant \alpha$，则拒绝 H_0，接受 H_1；若 $p > \alpha$，则接受 H_0，拒绝 H_1。

（2）实例分析

下面用 Python 的单样本 *t* 检验函数进行均值的 *t* 检验。可用纵向和横向两种方式进行比较。下面介绍纵向比较的方法。

In	X=GD[GD.地区=='广州'].pivot_table(index='年份',values='人均 GDP'); X　#取广州地区的人均 GDP 数据
Out	人均 GDP 年份 2000　　　2.58 2001　　　2.87 2002　　　3.25 2003　　　3.86 2004　　　4.62 　...　　　　... 2015　　13.78 2016　　14.36 2017　　15.07 2018　　15.55 2019　　15.64
In	X.describe()
Out	人均 GDP count　　20.000 mean　　　9.032 std　　　4.525 min　　　2.580 25%　　　5.220 50%　　　8.435 75%　　13.188 max　　15.640

In	X.iplot(kind='box')
Out	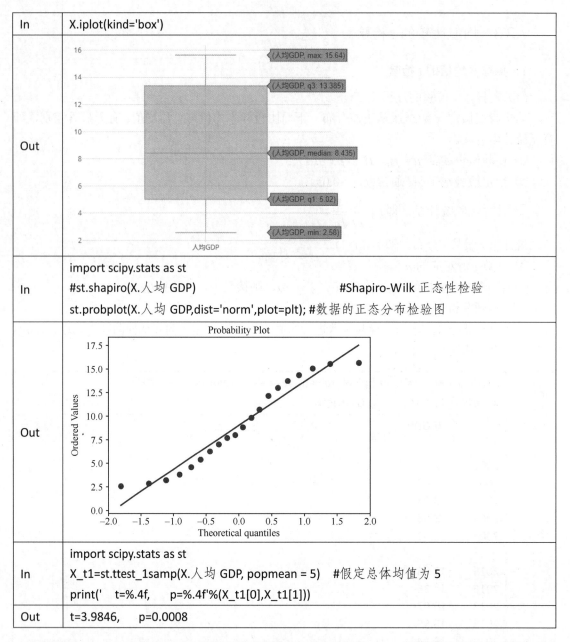
In	import scipy.stats as st #st.shapiro(X.人均GDP)　　　　　　　　　　　#Shapiro-Wilk 正态性检验 st.probplot(X.人均 GDP,dist='norm',plot=plt); #数据的正态分布检验图
Out	
In	import scipy.stats as st X_t1=st.ttest_1samp(X.人均 GDP, popmean = 5)　　#假定总体均值为 5 print('　t=%.4f,　　p=%.4f'%(X_t1[0],X_t1[1]))
Out	t=3.9846,　　p=0.0008

检验的 $p = 0.0008 < 0.05$，在显著性水平 $\alpha = 0.05$ 时拒绝 H_0，认为广州地区的人均 GDP 与 5 万元有显著差异，应该是不少于 5 万元的。

【Excel 的基本操作】

① 在透视表中选取需要的数据，本例选取 2019 年的珠三角人均 GDP 数据。

② 切换到"数据"选项卡，单击"分析"组中的"数据分析"按钮，将弹出"数据分析"对话框。在对话框中选择"t-检验：平均值的成对二样本分析"并单击"确定"按钮。

③ 给出总体均值：在 C4:C23 区域分别给出总体均值 5。

④ 输入。

变量 1 的区域：$B$4:$B$23。

变量 2 的区域：$C$4:$C$23。

假设平均差：0。

标志：不勾选。

α：0.05。

⑤ 输出选项。

输出区域：$F$4。如图 7-1 所示。

图 7-1

In	X_t2=st.ttest_1samp(X.人均 GDP, popmean = 10)　#假定总体均值为 10 print('　t=%.4f,　　p=%.4f'%(X_t2[0],X_t2[1]))
Out	t = −0.9566, p = 0.3508

检验的 $p = 0.3508 > 0.05$，在显著性水平 $\alpha = 0.05$ 时不拒绝 H_0，认为广州地区的人均 GDP 与 10 万元无显著差异。

下面介绍横向比较的方法。

In	Y=GD[GD.年份==2019].pivot_table(index='地区',values='人均 GDP'); Y　#取 2019 年广东省各地区的人均 GDP 数据

Out	人均 GDP
	地区
	东莞　11.25
	中山　9.27
	云浮　3.64
	佛山　13.38
	广州　15.64
	...　　...
	珠海　17.55
	肇庆　5.39
	茂名　5.11
	阳江　5.04
	韶关　4.37

In	Y.describe()

Out	人均 GDP
	count　21.000
	mean　7.478
	std　5.184
	min　2.710
	25%　4.070
	50%　5.040
	75%　9.270
	max　20.350

In	Y.iplot(kind='box')

Out	

In	Y_t1=st.ttest_1samp(Y.人均 GDP, popmean = 5)　　#假定总体均值为 5
	print('　t=%.4f,　p=%.4f'%(Y_t1[0],Y_t1[1]))

Out	t=2.1906,　p=0.0405

检验的 $p = 0.0405 < 0.05$，在显著性水平 $\alpha = 0.05$ 时拒绝 H_0，认为 2019 年广东省各地区的人均 GDP 与 5 万元有显著差异，应该是不少于 5 万元的。

In	Y_t2=st.ttest_1samp(Y.人均 GDP, popmean = 10) #假定总体均值为 10
	print(' t=%.4f, p=%.4f'%(Y_t2[0],Y_t2[1]))

Out	t=−2.2293, p=0.0374

检验的 $p = 0.0374 < 0.05$，在显著性水平 $\alpha = 0.05$ 时拒绝 H_0，认为 2019 年广东省各地区的人均 GDP 与 10 万元有显著差异。

【Excel 的基本操作】

下面是取总体均值为 10 的 Excel 操作。

① 在透视表中选取需要的数据，本例选取 2019 年的珠三角人均 GDP 数据。

② 切换到"数据"选项卡，单击"分析"组中的"数据分析"按钮，将弹出"数据分析"对话框。在对话框中选择"t-检验：平均值的成对二样本分析"并单击"确定"按钮。

③ 给出总体均值：在 D4:D24 区域分别给出总体均值 10。

④ 输入。

变量 1 的区域：$B$4:$B$24。

变量 2 的区域：$D$4:$D$24。

假设平均差：0。

标志：不勾选。

α：0.05。

⑤ 输出选项。

输出区域：$F$4。如图 7-2 所示。

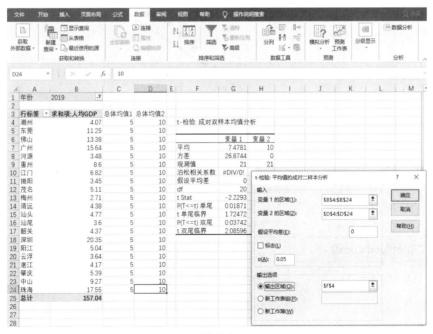

图 7-2

注意，由于经济数据大都有波动趋势，所以数据通常很难满足正态分布的要求，对于这类数据的检验通常要先进行数据变换，如对数变换或秩变换（非参数方法），下面我们介绍对数据做对数变换，前文我们讲过，对数据取对数通常可以使数据更接近正态分布。

In	st.probplot(Y.人均 GDP,dist='norm',plot=plt);
Out	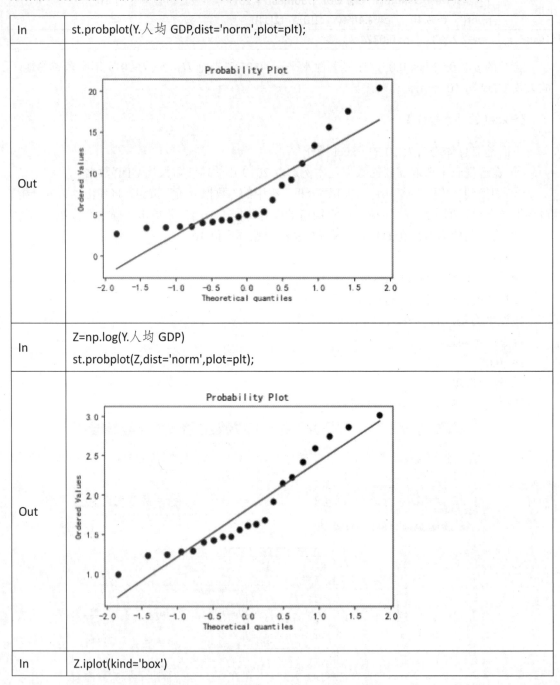
In	Z=np.log(Y.人均 GDP) st.probplot(Z,dist='norm',plot=plt);
Out	
In	Z.iplot(kind='box')

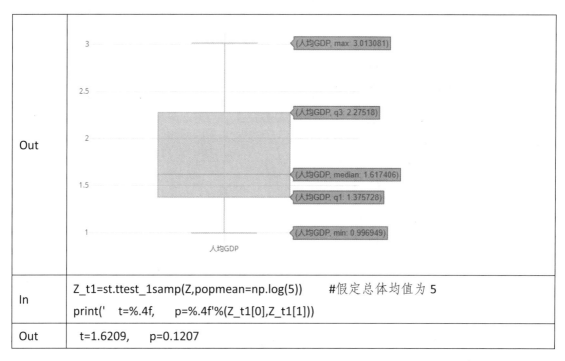

In	Z_t1=st.ttest_1samp(Z,popmean=np.log(5)) #假定总体均值为 5
	print(' t=%.4f, p=%.4f'%(Z_t1[0],Z_t1[1]))
Out	t=1.6209, p=0.1207

检验的 $p = 0.1207 > 0.05$，在显著性水平 $\alpha = 0.05$ 时不拒绝 H_0，认为广州地区的人均 GDP 与 5 万元无显著差异。

In	Z_t2=st.ttest_1samp(Z,popmean=np.log(10)) #假定总体均值为 10
	print(' t=%.4f, p=%.4f'%(Z_t2[0],Z_t2[1]))
Out	t=−3.6499, p=0.0016

检验的 $p = 0.0016 < 0.05$，在显著性水平 $\alpha = 0.05$ 时拒绝 H_0，认为 2019 年广东省各地区的人均 GDP 与 10 万元有显著差异。

大家可以看到，是否对数据取对数有时是会影响结论的！

2．两样本均值的 t 检验

两样本检验是将一个样本与另一个样本相比较的检验，在分析上和单样本检验类似，但计算有一些区别。

在对两组数据进行 t 检验时，除要求两组数据均应服从正态分布外，还应要求两组数据相应的总体方差相等，即方差齐性。但即使两组数据的总体方差相等，样本方差也会有抽样波动，样本方差不等是否是由抽样误差所致？可用方差齐性检验。

（1）正态性检验

这里继续介绍用正态分布检验图对数据的正态性进行直观检验。

In	X2=GD[GD.地区.isin(['深圳','珠海'])].pivot_table(index='年份',
	columns='地区',values='GDP')
	print(X2) #取深圳和珠海两地的 GDP 数据

Out	地区　　　深圳　　　珠海
	年份
	2000　　2187.45　　332.35
	2001　　2482.49　　368.34
	2002　　2969.52　　409.04
	2003　　3585.72　　476.71
	2004　　4282.14　　551.70
	...　　　...　　　...
	2015　18014.07　2025.41
	2016　20079.70　2226.37
	2017　22490.06　2675.18
	2018　24221.77　2914.74
	2019　26927.09　3435.89

In	st.probplot(X2.深圳,plot=plt);#st.shapiro(X2.深圳) #Shapiro-Wilk 正态性检验

Out	

In	st.probplot(ZH,dist='norm',plot=plt);

Out	

In	X2.plot(kind='box');

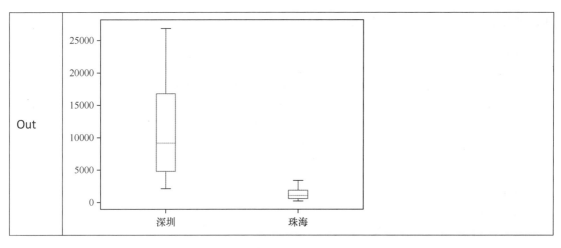

从上面的图形的正态性检验结果可以看出,深圳和珠海的 GDP 数据的分布基本上是符合正态分布的,这样我们就可以用两样本均值的 t 分布函数进行检验了。

（2）方差齐性检验

检验不同地区 GDP 的变异有无显著差异,即检验两组数据的总体方差是否相等,这里用的是 Levene 方差齐性检验。

In	st.levene(X.深圳,X.珠海)　#Levene 方差齐性检验
Out	LeveneResult(statistic=0.044892798008022705, pvalue=0.8333336339210491)

$p \approx 0.8333 > 0.05$，说明两组数据的方差是一样的。

下面我们来检验不同性别学生的身高均值有无显著差异。

（3）均值的检验（方差齐性时）

要具体检验以下假设：H_0：$\mu_1 = \mu_2$；H_1：$\mu_1 \neq \mu_2$。

由概率论知：

$$t = \frac{(\bar{x}_1 - \bar{x}_2) - (\mu_1 - \mu_2)}{S_{\bar{x}_1 - \bar{x}_2}} \sim t(n_1 + n_2 - 2)$$

其中 $S_{\bar{x}_1 - \bar{x}_2}$ 表示两样本值的标准误，n_1 和 n_2 分别为样本 1 和样本 2 的例数。如下：

$$S_{\bar{x}_1 - \bar{x}_2} = \sqrt{S_c^2 \left(\frac{1}{n_1} + \frac{1}{n_2} \right)}$$

式中 S_c^2 称为合并方差（pooled variance）如下：

$$S_c^2 = \frac{(n_1 - 1)s_1^2 + (n_2 - 1)s_2^2}{(n_1 - 1) + (n_2 - 1)}$$

当 H_0 成立时：

$$t = \frac{|\bar{x}_1 - \bar{x}_2|}{S_{\bar{x}_1 - \bar{x}_2}} \sim t(n_1 + n_2 - 2)$$

所以在给定了显著性水平 α 后，由样本数据算出 t 值及对应的概率 p 值。当 $p<0.05$ 时，

拒绝假设 H_0；当 $p>0.05$ 时，接受假设 H_0。

【Excel 的基本操作】

① 在透视表中选取需要的数据，本例选取深圳和珠海的 GDP 数据。

② 切换到"数据"选项卡，单击"分析"组中的"数据分析"按钮，将弹出"数据分析"对话框。在对话框中选择"t-检验：双样本等方差假设"并单击"确定"按钮。

③ 输入。

变量 1 的区域：$B$2:$B$22。

变量 2 的区域：$C$2:$C$22。

假设平均差：0。

标志：勾选。

α：0.05。

④ 输出选项。

输出区域：$F$2。如图 7-3 所示。

图 7-3

当假定两个样本有着相同的方差时，可以根据样本数据估计方差。Python 默认方差非齐性。

In	st.ttest_ind(X.深圳,X.珠海,equal_var=True)
Out	Ttest_indResult(statistic=5.730970759176596, pvalue=1.3318109738667478e-06)

经检验，$p = 0.0133e-08 < 0.05$，拒绝原假设，说明深圳和珠海的 GDP 有显著差别。

下面是假定两组数据的方差不同时的代码。

5

In	st.ttest_ind(X.深圳,X.珠海,equal_var=False)
Out	Ttest_indResult(statistic=5.730970759176596, pvalue=1.4399789803654868e-05)

可以注意到，虽然计算结果稍稍不同，但在本例中结论却是一样的（拒绝原假设），不过有时也会得出不同的结论。

多样本均值的比较通常是用方差来分析的，我们在 8.3 节会介绍使用模型分析方法进行检验。

练习题 7

一、选择题

1. 标准差标准化公式 $z = \dfrac{x - \bar{x}}{s}$ 中的 s 表示_____。

　　A. 原始数据的标准差　　　　　　　B. 原始数据的方差

　　C. 原始数据的均值　　　　　　　　D. 原始数据的中位数

2. 命令 random.randint(20,30)输出的结果为_____。

　　A. [20,30]上随机的 1 个数　　　　B. [20,30]上随机的 1 个整数

　　C. [20,30]上随机的 10 个数　　　　D. [20,30]上随机的 10 个整数

3. 以下哪种分布的概率密度函数是 $p(x) = \dfrac{1}{\sqrt{2\pi}\sigma} e^{-\frac{(x-\mu)^2}{2\sigma^2}}$ _____。

　　A. 均匀分布　　　B. 标准正态分布　　C. 正态分布　　　D. t 分布

4. 小样本正态均值的标准化统计量分布为_____。

　　A. 正态分布　　　B. 渐近正态分布　　C. 标准正态分布　　D. t 分布

5. 设随机变量 X 服从 $N(0,1)$，则均值和标准差分别为_____。

　　A. 均值为 100，标准差为 4　　　　B. 均值为 100，标准差为 2

　　C. 均值为 10，标准差为 4　　　　　D. 均值为 10，标准差为 2

二、计算题

1. 过去的大量资料显示，某厂生产的灯泡的使用寿命数据服从正态分布 $N(1020,10000)$。现从最近生产的一批产品中随机抽取 16 只，测得样本平均寿命为 1080 小时。试在 0.05 的显著性水平下判断这批产品的使用寿命是否有显著增加。（$\alpha = 0.05$）

2. 一家制造商生产钢棒，为了提高质量，如果用某种新的生产工艺生产出的钢棒的断裂强度数量大于现有平均断裂强度标准数量，制造商将采用该工艺。当前钢棒的平均断裂强度标准是 500kg，对新工艺生产的钢棒进行抽样检验，12 件钢棒的断裂强度（单位：kg）如下：

502、496、510、508、506、498、512、497、515、503、510 和 506。

假设断裂强度数据的分布近似于正态分布，试问新工艺是否提高了平均断裂强度标准？

第8章 数据模型分析及可视化

8.1 相关分析及可视化

相关分析指通过对大量数字资料的观察，消除偶然因素的影响，以探求现象之间相关关系的密切程度和表现形式。研究现象之间相关关系的理论方法就称为相关分析法。

在经济管理中，各经济变量之间常常存在密切的关系，如经济增长与财政收入、人均收入与消费支出等就存在密切的关系。这些关系大都是非确定的关系，一个变量的变化会影响其他变量，使其产生变化，其变化具有随机的特性，但是仍然遵循一定的规律。

相关分析及
可视化

相关分析以现象之间是否相关、相关的方向和密切程度等为主要研究内容。其主要分析方法有绘制相关图、计算相关系数和检验相关系数等。

8.1.1 两变量线性相关分析

1. 相关系数的计算

在所有相关分析中，最简单的是两个变量之间的一元线性相关（也称简单线性相关），它只涉及两个变量。而且其中一个变量的数值发生变动，另一个变量的数值会随之发生大致均等的变动，从平面图上观察，其各点的分布近似地表现为一条直线，这种相关关系就是线性相关。

线性相关分析是用相关系数来表示两个变量间相互的线性关系，并判断其密切程度的统计方法。通常要计算样本的线性相关系数（linear correlation coefficient），即由皮尔逊（Pearson）提出的相关系数，简记为 r。

$$r = \frac{\sum(x-\overline{x})(y-\overline{y})}{\sqrt{\sum(x-\overline{x})^2(y-\overline{y})^2}}$$

相关系数 r 没有单位，r 的取值范围为 $[-1,1]$，其绝对值越接近 1，两个变量间的线性相关关系越密切；越接近 0，相关关系越不密切。$-1 < r < 0$ 表示具有负线性相关关系，越接近 -1，负相关性越强；$0 < r < 1$ 表示具有正线性相关关系，越接近 1，正相关性越强；$r = -1$ 表示具有完全负线性相关关系；$r = 1$ 表示具有完全正线性相关关系；$r = 0$ 表示两个变量不具有线性相关关系。

（1）模拟线性相关

In	np.random.seed(1)　　　　　#设置随机种子数以便重复结果 e=np.random.randn(20)　　　#随机误差数据向量 e～N(0,1) x=np.linspace(-4,4,20)　　　#构建[-4,4]上 x 的数据向量 y=1+2*x+e;　　　　　　　　#y=1+2x+e xy=DataFrame({'x':x,'y':y});xy　#构建用于分析的数据框
| Out | ```
        x       y
0   -4.000 -5.376
1   -3.579 -6.770
2   -3.158 -5.844
3   -2.737 -5.547
4   -2.316 -2.766
..    ...     ...
15   2.316  4.532
16   2.737  6.301
17   3.158  6.438
18   3.579  8.200
19   4.000  9.583
``` |
| In | plt.plot(x,y,'o')　　#xy.iplot(x='x',y='y',mode='markers') |
| Out | 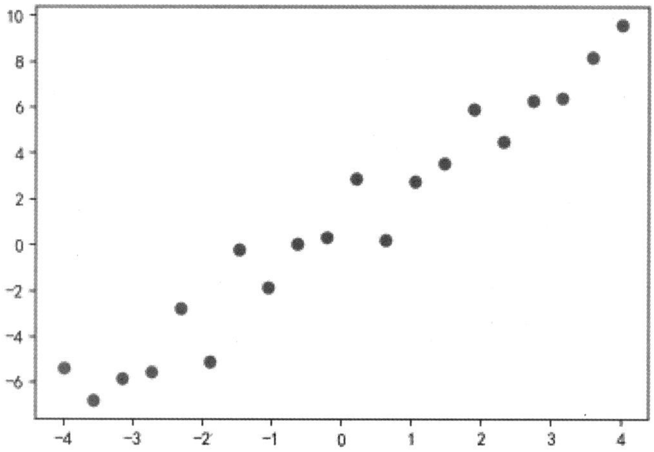 |

（2）相关系数

下面介绍 Python 中自带的计算样本相关系数的函数。

In	xy.corr()
| Out | ```
       x      y
x  1.000  0.975
y  0.975  1.000
``` |
| In | xy.x.corr(xy.y) |
| Out | 0.9748670174911844 |

这里相关系数为正值，并且值较大（大于 0.9），说明 x 与 y 间呈较强的线性相关性。至于相关系数是否有统计学意义，尚待假设检验。

2．相关系数的检验

样本相关系数与样本均值一样，也有抽样误差。从同一总体内抽取若干大小相同的样本，各样本的相关系数总有波动。要判断不等于 0 的相关系数 r 是来自总体相关系数 $\rho=0$ 的总体，还是来自 $\rho\neq0$ 的总体，须进行显著性检验，Python 中相关系数的检验函数为 pearsonr。

由于来自 $\rho=0$ 的总体的所有样本相关系数呈对称分布，故 r 的显著性检验可通过 t 检验来进行。对 r 进行 t 检验的步骤如下。

① 建立检验假设：

$$H_0: \rho=0, \ H_1: \rho\neq0, \ \alpha=0.05$$

② 计算相关系数 r 的 t 值

$$t_r = \frac{r-\rho}{s_r} = \frac{r}{\sqrt{(1-r^2)/(n-2)}}$$

③ 计算 t_r 对应的 p 值，得出结论。

In	import scipy.stats as st rp=st.pearsonr(x,y)　　　　　　　　　#相关系数检验 print('　r = %.4f,　p = %.4e'%(rp[0],rp[1]))
Out	r = 0.9749,　p = 3.4693e-13

由于 $p=3.4693\mathrm{e}{-13}<0.05$，于是在 $\alpha=0.05$ 的水平上拒绝 H_0，接受 H_1，可以认为 x 与 y 具有显著的线性相关性。

（1）横向数据

2019 年广东省各地区从业人员与 GDP 的相关分析。

In	Y2019=GD[GD.年份==2019].pivot_table(index='地区',values=['GDP','从业人员']) Y2019
Out	<table><tr><td></td><td>GDP</td><td>从业人员</td></tr><tr><td>地区</td><td></td><td></td></tr><tr><td>东莞</td><td>9482.50</td><td>711.11</td></tr><tr><td>中山</td><td>3101.10</td><td>237.21</td></tr><tr><td>云浮</td><td>921.96</td><td>124.29</td></tr><tr><td>佛山</td><td>10751.02</td><td>531.43</td></tr><tr><td>广州</td><td>23628.60</td><td>1125.89</td></tr><tr><td>...</td><td>...</td><td>...</td></tr><tr><td>珠海</td><td>3435.89</td><td>161.17</td></tr><tr><td>肇庆</td><td>2248.80</td><td>231.64</td></tr><tr><td>茂名</td><td>3252.34</td><td>323.63</td></tr><tr><td>阳江</td><td>1292.18</td><td>111.53</td></tr><tr><td>韶关</td><td>1318.41</td><td>133.82</td></tr></table>

In	plt.plot(Y2019.从业人员,Y2019.GDP,'o'); #Y2019.iplot(x='从业人员',y='GDP',mode='markers')
Out	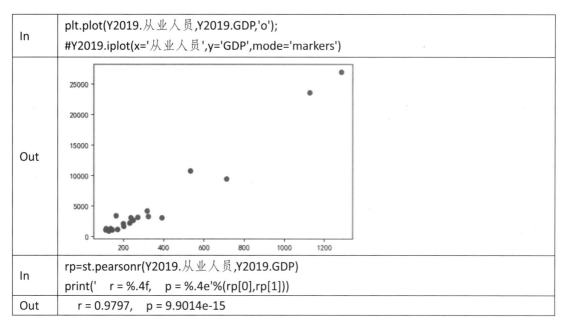
In	rp=st.pearsonr(Y2019.从业人员,Y2019.GDP) print(' r = %.4f, p = %.4e'%(rp[0],rp[1]))
Out	r = 0.9797, p = 9.9014e-15

由于 $p=9.9014\text{e-}15<0.05$，于是在 $\alpha=0.05$ 水平上拒绝 H_0，接受 H_1，可以认为 2019 年广东地区从业人员与 GDP 具有显著的线性相关性。

【Excel 的基本操作】

① 在透视表中选取需要的数据，本例选取 2019 年广东省各地区从业人员和 GDP 数据。

② 根据透视表的从业人员和 GDP 数据定义 "x" 和 "y" 的数据。

③ 在 H3 单元格中输入计算相关系数的公式：=PEARSON(D4:D24,E4:E24)。

在 J3 单元格中计算的公式：=H3^2。

④ 根据 "x" 和 "y" 的数据绘制散点图，如图 8-1 所示。

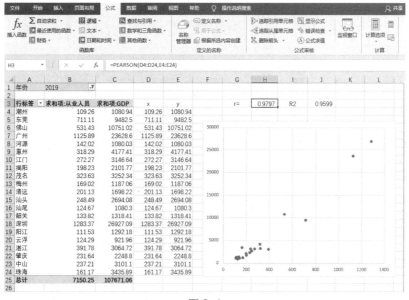

图 8-1

153

（2）纵向数据

广州从业人员与 GDP 的相关分析。

In	GZ=GD[GD.地区=='广州'].pivot_table(index='年份',values=['从业人员','GDP']);GZ
Out	GDP　　从业人员 年份 2000　2505.58　　503.69 2001　2857.92　　510.07 2002　3224.33　　514.08 2003　3780.45　　521.07 2004　4477.35　　540.71 ...　　　...　　　... 2015　18313.80　　810.99 2016　19782.19　　835.26 2017　21503.15　　862.33 2018　22859.35　　896.54 2019　23628.60　　1125.89
In	plt.plot(GZ.从业人员,GZ.GDP,'o'); #GZ.iplot(x='从业人员',y='GDP',mode='markers')
Out	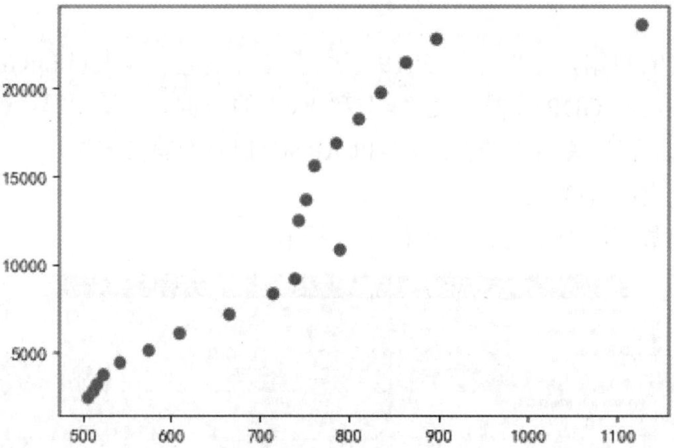
In	rp=st.pearsonr(GZ.从业人员,GZ.GDP) print('　r = %.5f,　p = %.4e'%(rp[0],rp[1]))
Out	r = 0.9340,　p = 1.7785e-09

同理，由于 p=9.9014e-15＜0.05，于是在 $\alpha = 0.05$ 水平上拒绝 H_0，接受 H_1，可以认为广州从业人员与 GDP 具有显著的线性相关性。

8.1.2　多变量线性相关分析

1. 相关系数矩阵及散点图

从数学的角度来看，要研究变量间的关系，通常需要计算其协方差，对多个变量来说，就是计算变量间的协方差阵。由于协方差是有单位的，不容易比较，所以通常将其标准化为相关系数，任意两个变量间的相关系数构成的矩阵为：

$$\boldsymbol{R} = \begin{bmatrix} r_{11} & r_{12} & \cdots & r_{1p} \\ r_{21} & r_{22} & \cdots & r_{2p} \\ \vdots & \vdots & & \vdots \\ r_{p1} & r_{p2} & \cdots & r_{pp} \end{bmatrix} = \begin{bmatrix} 1 & r_{12} & \cdots & r_{1p} \\ r_{21} & 1 & \cdots & r_{2p} \\ \vdots & \vdots & & \vdots \\ r_{p1} & r_{p2} & \cdots & 1 \end{bmatrix} = (r_{ij})_{p \times p}$$

式中，r_{ij} 为任意两个变量间的 Pearson 相关系数，其计算公式为：

$$r_{ij} = \frac{\sum (x_i - \overline{x}_i)(x_j - \overline{x}_j)}{\sqrt{\sum (x_i - \overline{x}_i)^2 \sum (x_j - \overline{x}_j)^2}}$$

这里涉及的多元相关分析，不是真正意义上的多个变量的相关分析，只是两个变量相关分析的多元表示，即对多个变量计算两两之间的线性相关系数。下面计算宏观经济数据的多元相关系数矩阵。

（1）横向数据

In	Xs=GD[GD.年份==2010].drop(columns='年份').set_index('地区'); Xs					
		GDP	人均 GDP	从业人员	进出口额	消费总额	RD 经费
	地区						
	广州	10859.29	8.84	789.11	1037.68	4500.28	118.77
	深圳	10002.22	9.84	705.17	3467.49	3000.76	313.79
	佛山	5685.36	7.99	381.11	516.55	1687.13	92.22
	东莞	4246.30	5.36	438.52	1213.38	1108.06	49.51
Out	惠州	1741.93	3.89	255.44	342.35	582.53	17.60
	...	...	...	...	...	...	...
	梅州	612.40	1.46	211.80	11.73	319.05	1.38
	潮州	562.25	2.11	146.29	38.23	245.47	3.50
	河源	477.20	1.63	139.93	27.16	163.07	0.39
	汕尾	452.98	1.54	123.48	20.50	352.06	0.73
	云浮	396.01	1.71	136.57	13.47	136.97	1.35
In	Xs.corr()						
		GDP	人均 GDP	从业人员	进出口额	消费总额	RD 经费
	GDP	1.000	0.843	0.960	0.815	0.971	0.871
	人均 GDP	0.843	1.000	0.711	0.755	0.775	0.790
	从业人员	0.960	0.711	1.000	0.766	0.947	0.802
Out	进出口额	0.815	0.755	0.766	1.000	0.694	0.966
	消费总额	0.971	0.775	0.947	0.694	1.000	0.769
	RD 经费	0.871	0.790	0.802	0.966	0.769	1.000
In	pd.plotting.scatter_matrix(Xs);#Xs.scatter_matrix()						

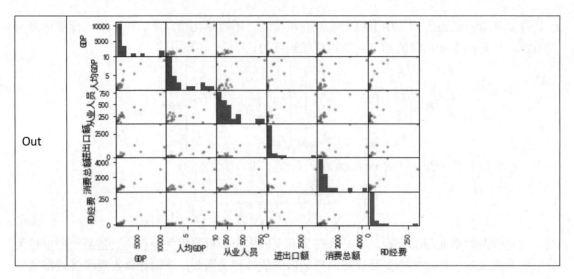

Out

【Excel 的基本操作】

① 在透视表中选取需要的数据，本例选取的是 2010 年广东省 21 个地区的数据。

② 切换到"数据"选项卡，单击"分析"组中的"数据分析"按钮，将弹出"数据分析"对话框。在对话框中选择"相关系数"并单击"确定"按钮。

③ 输入。

输入区域：$B$3:$G$24。

分组方式：逐列。

标志位于第一行：勾选。

④ 输出选项。

输出区域：$A$27。如图 8-2 所示。

图 8-2

（2）纵向数据

In	Ys=GD[GD.地区=='广州'].drop(columns='地区').set_index('年份');Ys					
Out		GDP	人均 GDP	从业人员	进出口额	消费总额	RD 经费

	GDP	人均 GDP	从业人员	进出口额	消费总额	RD 经费
年份						
2000	2505.58	2.58	503.69	233.51	1121.13	32.72
2001	2857.92	2.87	510.07	230.37	1243.90	13.56
2002	3224.33	3.25	514.08	279.27	1370.68	14.23
2003	3780.45	3.86	521.07	349.41	1494.28	15.25
2004	4477.35	4.62	540.71	447.88	1675.05	15.79
...	...	...	...	...	...	...
2015	18313.80	13.78	810.99	1338.68	7987.96	209.56
2016	19782.19	14.36	835.26	1293.09	8706.49	228.89
2017	21503.15	15.07	862.33	1432.50	8598.64	254.86
2018	22859.35	15.55	896.54	1485.05	9256.19	267.27
2019	23628.60	15.64	1125.89	1450.54	9551.57	286.24

In	Ys.corr()					

Out	GDP	人均 GDP	从业人员	进出口额	消费总额	RD 经费
GDP	1.000	0.993	0.934	0.967	0.997	0.992
人均 GDP	0.993	1.000	0.927	0.984	0.989	0.979
从业人员	0.934	0.927	1.000	0.918	0.919	0.935
进出口额	0.967	0.984	0.918	1.000	0.964	0.955
消费总额	0.997	0.989	0.919	0.964	1.000	0.992
RD 经费	0.992	0.979	0.935	0.955	0.992	1.000

In	Ys.scatter_matrix()

2. 变量间相关系数的检验

从前文的相关系数矩阵计算结果可以看出，各变量间的相关系数都较高，对其所进行的假设检验等同于两两之间的相关系数检验，Python 没有直接进行多个变量两两之间的相关系数检验的函数，但可分别进行，如检验 X1 和 X2 之间的线性相关性，可写为 pearsonr(X1,X2)，以此类推。可自定义一个函数一次性全部完成检验，下面我们使用循环来进行变量两两之间的相关系数的检验。

| In | ```python
def mcor_test(X):    #相关系数矩阵检验
    import scipy.stats as st
    p=X.shape[1];p
    sp=np.ones([p, p]);sp
    for i in range(0,p):
        for j in range(i,p):
            sp[i,j]=st.pearsonr(X.iloc[:,i],X.iloc[:,j])[1]
            sp[j,i]=st.pearsonr(X.iloc[:,i],X.iloc[:,j])[0]
    RP=pd.DataFrame(sp,index=X.columns,columns=X.columns)
print("\n 下三角为相关系数，上三角为概率")
return RP.round(3)
``` |
| In | mcor_test(Xs) |
| Out | 下三角为相关系数，上三角为概率

	GDP	人均 GDP	从业人员	进出口额	消费总额	RD 经费
GDP	1.000	0.000	0.000	0.000	0.000	0.0
人均 GDP	0.843	1.000	0.000	0.000	0.000	0.0
从业人员	0.960	0.711	1.000	0.000	0.000	0.0
进出口额	0.815	0.755	0.766	1.000	0.000	0.0
消费总额	0.971	0.775	0.947	0.694	1.000	0.0
RD 经费	0.871	0.790	0.802	0.966	0.769	1.0	
In	mcor_test(Ys)
Out	下三角为相关系数，上三角为概率

	GDP	人均 GDP	从业人员	进出口额	消费总额	RD 经费
GDP	1.000	0.000	0.000	0.000	0.000	0.0
人均 GDP	0.993	1.000	0.000	0.000	0.000	0.0
从业人员	0.934	0.927	1.000	0.000	0.000	0.0
进出口额	0.967	0.984	0.918	1.000	0.000	0.0
消费总额	0.997	0.989	0.919	0.964	1.000	0.0
RD 经费	0.992	0.979	0.935	0.955	0.992	1.0	
```

8.2　线性回归模型及可视化

线性回归分析的主要步骤包括线性回归模型估计和对回归模型进行检验以及绘制回归线等。

线性回归模型及
可视化

8.2.1　两变量线性回归模型

两变量线性回归分析研究的是两个变量之间的关系，变量区分为自变量（解释变量）和因变量（被解释变量），并会研究确定自变量和因变量之间相互关系的方程式。这种方程式称为回归模型，其中以直线方程表明两个变量关系的模型叫作直线回归模型（也称一元线性回归模型）。

1. 简单线性模型估计

在因变量和自变量对应的散点图中，如果趋势大致呈直线，则：

$$y = \beta_0 + \beta_1 x + e$$

即可拟合成直线方程，这里 e 为误差项（error term），相应的直线回归模型为：

$$\hat{y} = \hat{\beta}_0 + \hat{\beta}_1 x = a + bx$$

式中，$\hat{y}$ 表示因变量 y 的估计值。x 为自变量的实际值。a、b 为待估参数，其几何意义为：a 是直线方程的截距，即常数项；b 是斜率，称为回归系数。其经济意义为：a 是当 x 为 0 时 y 的估计值；b 是当 x 每增加一个单位时，y 增加的数量，b 也称回归系数。

（1）最小二乘法

拟合回归直线的目的是找到一条理想的直线，使得实际数据到直线的垂直距离最小。数理统计证明，用最小二乘法拟合的直线较为理想，具有代表性。

In	`import statsmodels.api as sm`　　　　　　　#加载统计模型包 `fm=sm.OLS(y,sm.add_constant(x)).fit();`　　　#拟合回归模型 `plt.plot(x, y,'o',x,fm.fittedvalues, 'r-');`　　　#绘制回归线 `for i in range(len(x)):plt.vlines(x,y,fm.fittedvalues)`　#加误差线
Out	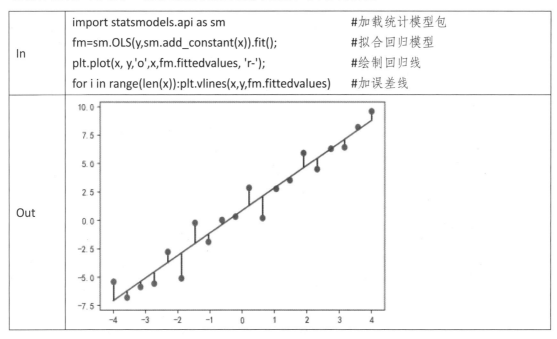

由散点图可见，虽然 x 与 y 之间趋势呈直线，但并不是一一对应的。每个值 x_i（$i=1,2,\cdots,n$）与 y_i 的回归方程的估计值（也称拟合值，即直线上的点）$\hat{y}_i$ 或多或少存在一定的差距。这些差距可以用 $\hat{e} = y - \hat{y}$ 来表示，称为估计误差或残差（residual）。要使回归方程比较"理想"，很自然地会想到应该使这些估计误差尽量小一些，也就是使估计误差平方和达到最小：

$$Q = \sum_{i=1}^{n} (y_i - \hat{y}_i)^2 = \sum_{i=1}^{n} [y_i - (a + bx_i)]^2$$

对 Q 求关于 a 和 b 的偏导数，并令其等于 0，可得：

$$b = \frac{\sum_{i=1}^{n} (x_i - \overline{x})(y_i - \overline{y})}{\sum_{i=1}^{n} (x_i - \overline{x})^2}$$

$$a = \overline{y} - b\overline{x}$$

计算 a 与 b 的方法常称为最小二乘法（ordinary least squares，OLS）。

In	fm.params　　　　#OLS 估计的回归参数（系数）
Out	array([0.8666, 1.9803])

由绘制的散点图可见，x 与 y 之间存在明显的线性关系，所以可考虑构建直线回归方程。通常，我们更喜欢用公式的方式来构建线性回归模型。

（2）最小二乘法估计公式法

In	import statsmodels.formula.api as smf　　　#加载统计模型公式包 fm=smf.ols('y ~ x',data=xy).fit();　　　　　#用公式法拟合回归模型 fm.params　　　　　　　　　　　　　#用公式法估计的回归系数
Out	Intercept　　0.8666 x　　　　　1.9803

（3）回归直线拟合图

In	plt.plot(x, y,'o',x,fm.fittedvalues, 'r-');　　　　　#绘制回归线
Out	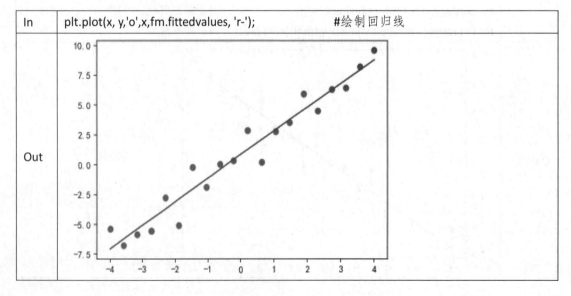

Python 与其他数据分析软件相比，其最大的优势就是输出简洁，把大量的统计结果作为对象保存起来以供后期使用。比如，前文代码中的 fm 就是一个线性回归模型的对象，其中包含进一步分析的统计量，如参数估计值（params）、拟合值（fittedvalues）与残差（resid）等。

In	DataFrame({'x':x,'y':y,'拟合值':fm.fittedvalues,'残差':fm.resid})			
		x	y	拟合值	残差
	0	−4.000	−5.376	−7.054	1.679
	1	−3.579	−6.770	−6.221	−0.549
	2	−3.158	−5.844	−5.387	−0.457
	3	−2.737	−5.547	−4.553	−0.994
	4	−2.316	−2.766	−3.719	0.953
Out	..	...	...	...	...
	15	2.316	4.532	5.453	−0.921
	16	2.737	6.301	6.286	0.015
	17	3.158	6.438	7.120	−0.682
	18	3.579	8.200	7.954	0.246
	19	4.000	9.583	8.788	0.795

2. 简单线性模型检验

由样本资料建立回归方程的目的是对两变量的回归关系进行统计推断，也就是对总体回归方程进行参数估计和假设检验。前文介绍了对回归系数进行估计，下面介绍对回归系数进行假设检验。

由于存在抽样误差，样本回归系数往往不会恰好等于总体回归系数。如果总体回归系数为 0，那么模型就是一个常数，无论自变量如何变化，都不会影响因变量，回归方程就没有意义。由样本资料计算得到的样本回归系数不一定为 0，所以有必要对得到的样本回归系数进行检验。

（1）常数项 β_0 的假设检验

H_0：$\beta_0=0$。判断直线是否通过原点，其检验统计量为：

$$t_{\hat{\beta}_0} = \frac{\hat{\beta}_0 - \beta_0}{s_{\hat{\beta}_0}} \sim t(n-2)$$

式中，分母为常数项的标准误。

（2）回归系数 β_1 的假设检验

H_0：$\beta_1=0$。直线方程不存在，其检验统计量为：

$$t_{\hat{\beta}_1} = \frac{\hat{\beta}_1 - \beta_1}{s_{\hat{\beta}_1}} \sim t(n-2)$$

式中，分母为样本回归系数的标准误。

下面对前面构建的回归模型进行假设检验。

In	fm.summary().tables[1]　#回归系数的 t 检验表

Out	
	==
	coef　　std err　　　　t　　P>|t|　　[0.025　　0.975]
	--
	Intercept　0.8666　　0.259　　　3.346　　0.004　　0.323　　1.411
	x　　　　　1.9803　　0.107　　18.565　　0.000　　1.756　　2.204
	==

由于回归系数的 $p < 0.05$，于是在 $\alpha = 0.05$ 水准上拒绝 H_0，接受 H_1，认为回归系数有统计学意义，变量间存在线性回归关系。

3. 实例分析模型

（1）横向数据

2019 年广东省各地区从业人员与 GDP 的相关分析。

In	Y2019=GD[GD.年份==2019] fm1=smf.ols('GDP~从业人员',data=Y2019).fit() fm1.summary().tables[1]

Out	
	==
	coef　　std err　　　　t　　P>|t|　　[0.025　　0.975]
	--
	Intercept　−2274.1160　473.762　−4.800　0.000　−3265.711　−1282.521
	从业人员　　21.7374　　1.019　21.324　0.000　19.604　23.871
	==

In	plt.plot(Y2019.从业人员,Y2019.GDP,'o',Y2019.从业人员,fm1.fittedvalues, 'r-');

Out	

【Excel 的基本操作】

① 在透视表中选取需要的数据，本例选取 2019 年广东省各地区从业人员和 GDP 数据。

② 切换到"数据"选项卡，单击"分析"组中的"数据分析"按钮，将弹出"数据分析"

对话框。在对话框中选择"回归"并单击"确定"按钮。

③ 输入。

Y 值输入区域：$D$3:$D$24。

X 值输入区域：$E$3:$E$24。

标志：勾选。

常数为零：只有当用户想强制使回归线通过原点(0,0)时才勾选。

置信度：Excel 自动包括回归系数 95%的置信区间。

④ 输出选项。

输出区域：$G$3。

⑤ 残差。

线性拟合图：勾选。如图 8-3 所示。

图 8-3

（2）纵向数据

广州从业人员与 GDP 的相关分析。

In	GZ=GD[GD.地区=='广州'] fm2=smf.ols('GDP~从业人员',data=GZ).fit() fm2.summary().tables[1]					
Out		coef	std err	t	P>|t|	[0.025　0.975]
	Intercept	−1.829e+04	2744.552	−6.664	0.000	−2.41e+04　−1.25e+04
	从业人员	41.7203	3.762	11.089	0.000	33.816　49.624

In	`plt.plot(GZ.从业人员,GZ.GDP,'o',GZ.从业人员,fm2.fittedvalues, 'r-');`
Out	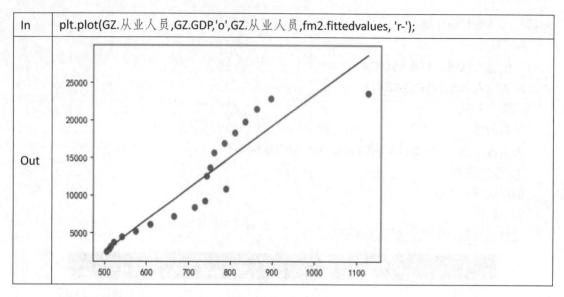

4．模型预测方法

建立模型有 3 个主要的作用：影响因素分析、估计、预测。前文主要探讨了线性回归模型的因素分析，下面介绍用模型进行估计和预测，其实它们是同一个问题，"估计"是指在自变量范围内对因变量的估算，"预测"是指在自变量范围以外对因变量的推算。在 Python 中所用的命令都是 predict（相当于将自变量的值代入模型进行计算），下面是对从业人员与 GDP 模型的估计与预测。

In	#2020 年从业人员增加到 1300 万人，预计 GDP 增加到 25984.441 亿元 `fm2.predict(DataFrame({'从业人员': [1300]}))`
Out	25984.441
In	#广州从业人员增加到 1300 万人，预计 GDP 增加到 35947.776 亿元 `fm3.predict(DataFrame({'从业人员': [1300]}))`
Out	35947.766

8.2.2　多变量线性回归模型

1．多变量线性回归模型形式

8.2.1 小节中介绍了两变量线性回归分析，它研究的是一个因变量与一个自变量间呈线性趋势的数量关系。在实际中，常会遇到研究一个因变量与多个自变量间的数量关系的问题，如考察国内生产总值与其他经济变量间的依存关系，这时需要建立多变量线性回归模型（也称多元线性回归模型）。与一元线性回归模型（直线回归模型）类似，一个因变量与多个自变量间的这种线性数量关系可以用多元线性回归方程来表示。

$$y = \beta_0 + \beta_1 x_1 + \beta_2 x_2 + \cdots + \beta_p x_p + \varepsilon$$

式中，β_0 相当于直线回归方程中的常数项，β_i $(i=1,2,\cdots,p)$ 称为偏回归系数（partial regression coefficient），其意义与直线回归方程中的回归系数相似。当其他自变量对因变量的线性影响固定时，β_i 反映第 i 个自变量 x_i 对因变量 y 的线性影响程度的大小。这样的回归称为因变量 y 在这组自变量 x 上的回归，习惯称为多元线性回归模型。

假设得到 n 组观测数据 $(x_{i1}, x_{i2}, \cdots, x_{ip}, y_i)(i = 1, 2, \cdots, n)$，将其写成矩阵形式：

$$Y = X\beta + \varepsilon$$

式中：

$$Y = \begin{bmatrix} y_1 \\ y_2 \\ \vdots \\ y_n \end{bmatrix}, \quad X = \begin{bmatrix} 1 & x_{11} & \cdots & x_{1p} \\ 1 & x_{21} & \cdots & x_{2p} \\ \vdots & \vdots & & \vdots \\ 1 & x_{n1} & \cdots & x_{np} \end{bmatrix}, \quad \beta = \begin{bmatrix} \beta_0 \\ \beta_1 \\ \vdots \\ \beta_p \end{bmatrix}, \quad \varepsilon = \begin{bmatrix} \varepsilon_1 \\ \varepsilon_2 \\ \vdots \\ \varepsilon_n \end{bmatrix}$$

通常称 Y 为因变量向量，X 为设计阵，β 为回归系数向量，ε 为误差项。

2. 线性回归模型的基本假设

由于一元线性回归模型比较简单，其趋势可用散点图直观表示，所以，我们对其性质和假定并未进行详细探讨。实际上，在建立线性回归模型前，需要对模型做一些假定，经典线性回归模型的基本假定如下。

① 一般来说，解释变量（自变量）应该是非随机变量。

② 误差的等方差及不相关性假定（G-M 条件）：

$$E(\varepsilon_i) = 0 \quad (i = 1, 2, \cdots, n)$$

$$\mathrm{Cov}(\varepsilon_i, \varepsilon_j) = \begin{cases} \sigma^2 (i = j, \ i = 1, 2, \cdots, n, j = 1, 2, \cdots, n) \\ 0 \ (i \neq j, \ i = 1, 2, n, j = 1, 2, \cdots, n) \end{cases}$$

③ 误差正态分布的假定条件：

$$\varepsilon_i \overset{iid}{\sim} N(0, \sigma^2) \quad (i = 1, 2, \cdots, n)$$

④ $n > p$，即要求样本个数多于解释变量的个数。

由多元线性回归模型的矩阵形式 $Y = X\beta + \varepsilon$ 可知，若模型的参数 β 的估计值 $\hat{\beta}$ 已获得，则 $\hat{Y} = X\hat{\beta}$，于是残差 $e_i = y_i - \hat{y}_i$，根据最小二乘原理，所选择的估计方法应使观察值 y_i 与估计值 $\hat{y}_i$ 的残差 e_i 在所有样本点上达到最小，如下：

$$Q = \sum_{i=1}^{n} (y_i - \hat{y}_i)^2 = e'e = (Y - X\hat{\beta})'(Y - X\hat{\beta})$$

要使其达到最小，根据微积分求极值的原理，Q 对 $\hat{\beta}$ 求导且等于 0，可求得使 Q 达到最小的 $\hat{\beta}$，这就是所谓的普通最小二乘法，如下：

$$\hat{\beta} = (X'X)^{-1}X'Y$$

在前文的分析中我们发现 GDP 与从业人员之间的确存在线性回归关系，为了进一步考察它们和其他变量之间的数量关系，需要建立多元线性回归方程。

3. 偏回归系数的假设检验

跟单变量线性回归模型一样，我们仍需对模型的自变量系数（此时称为偏回归系数）进行统计检验，以检验每个偏回归系数是否有统计学意义。

当 $\beta_j = 0$ 时，偏回归系数 $\hat{\beta}_j$ $(j=1,2,\cdots,p)$ 服从正态分布，所以可用统计量 t 对偏回归系数进行检验。

检验假设 H_{0j}：$\beta_j = 0$，H_{1j}：$\beta_j \neq 0$。

当 H_{0j} 成立时，$\boldsymbol{\beta} \sim N(\boldsymbol{\beta}, \sigma^2(\boldsymbol{X'X})^{-1})$，则构造的统计量 t 为：

$$t_j = \frac{\hat{\beta}_j - \beta_j}{s_{\hat{\beta}_j}} \ (j=1,2,\cdots,p)$$

式中，$s_{\hat{\beta}_j}$ 是第 j 个偏回归系数的标准误。

当原假设 H_{0j}：$\beta_j = 0$ 成立时，上面的统计量 t 服从自由度为 $n-p-1$ 的 t 分布。给定显著性水平 α，计算出 t 值对应的 p 值。当 $p < \alpha$ 时，拒绝原假设 H_{0j}：$\beta_j = 0$，认为 β_j 显著不为 0，自变量 x_j 对因变量 y 的线性效果显著；当 $p \geqslant \alpha$ 时，接受原假设 H_{0j}，认为 β_j 为 0，自变量 x_j 对因变量 y 的线性效果不显著。

（1）单变量的线性回归模型参数估计与检验

In	import statsmodels.formula.api as smf M1=smf.ols('GDP~从业人员',data=GD).fit(); #根据公式建立回归模型 M1.summary().tables[1]

Out		coef	std err	t	P>|t|	[0.025	0.975]
	Intercept	−2678.4895	145.479	−18.412	0.000	−2964.450	−2392.529
	从业人员	19.2230	0.447	42.970	0.000	18.344	20.102

（2）两个自变量的线性回归模型参数估计与检验

In	M2=smf.ols('GDP~从业人员+进出口额 ',data=GD).fit(); M2.summary().tables[1]

Out		coef	std err	t	P>|t|	[0.025	0.975]
	Intercept	−2056.2456	168.490	−12.204	0.000	−2387.442	−1725.049
	从业人员	15.4243	0.723	21.340	0.000	14.004	16.845
	进出口额	1.1454	0.176	6.511	0.000	0.800	1.491

（3）多个自变量的线性回归模型参数估计与检验

In	Ms=smf.ols('GDP~人均 GDP+从业人员+进出口额+消费总额+RD 经费',data=GD).fit() Ms.summary().tables[1]

| Out | ==
　　　　　　　　 coef　　 std err　　　　 t　　 P>\|t\|　　 [0.025　　 0.975]

Intercept　 −479.9633　 58.331　　 −8.228　　 0.000　 −594.625　 −365.301
人均 GDP　　 55.4269　 10.087　　　 5.495　　 0.000　　 35.599　　 75.255
从业人员　　　 2.5699　　 0.268　　　 9.595　　 0.000　　　 2.043　　　 3.096
进出口额　　　 0.1393　　 0.066　　　 2.100　　 0.036　　　 0.009　　　 0.270
消费总额　　　 1.7603　　 0.037　　 47.359　　 0.000　　　 1.687　　　 1.833
RD 经费　　　　 8.4944　　 0.421　　 20.179　　 0.000　　　 7.667　　　 9.322
== |

4. 回归模型的检验与评判

前文介绍了对多元线性回归模型的系数进行估计，下面介绍对回归模型及其系数进行假设检验。由样本数据建立回归方程的目的是对变量间的回归关系进行统计推断，也就是对总体回归方程进行参数估计和假设检验。由样本计算得到的这些偏回归系数是总体偏回归系数的估计值，如果总体偏回归系数等于 0，多元回归方程就没有意义，所以，与直线回归一样，在建立方程后有必要对这些偏回归系数进行检验。对多元回归方程进行假设检验是用方差分析。

（1）回归模型的检验与评价

方差分析的原假设是 H_0：$\beta_1 = \beta_2 = \cdots = \beta_p = 0$。

这就意味着因变量与所有的自变量都不存在线性回归关系，多元线性回归模型就不存在。

相应的备择假设是 H_1：β_1，β_2，$\cdots$，β_p（不全为 0）。

由于因变量 $y = \hat{y} + e$，即 y 包含拟合值和误差值。因变量 y 的离差平方和（SS_T）可分解成两部分，即回归的离差平方（SS_R）和误差的离方差平方（SS_E）。

$$\text{SS}_T = \sum_{i=1}^{n}(y_i - \overline{y})^2 = \sum_{i=1}^{n}(\hat{y}_i - \overline{y})^2 + \sum_{i=1}^{n}(y_i - \hat{y}_i)^2 = \text{SS}_R + \text{SS}_E$$

由离差平方和可计算回归的均方差（方差）$\text{MS}_R = \text{SS}_R/p$ 和误差的均方差（方差）$\text{MS}_E = \text{SS}_E/(n-p-1)$。方差分析的目的是检验回归的均方（方差）是否远大于误差的均方差（方差），如果误差的均方（差）远大于回归的均方（差），就意味着因变量 y 与自变量 x 不存在依存关系，回归方程没有统计学意义。

进而计算方差分析的 F 值：

$$F = \frac{\mathrm{MS}_R}{\mathrm{MS}_E} \sim F(p, n-p-1)$$

这里 F 服从自由度为 p 和 $n-p-1$ 的 F 分布，这样就可以用统计量 F 来检验回归方程是否有意义了。

在实际分析中，一个变量的变化往往会受多种变量的综合影响，这就需要采用决定系数来判断模型的好坏。

决定系数实际就是回归离差平方和与总离差平方和的比值，反映了回归贡献的百分比值，所以常把 R^2（R-squared）称为模型的决定系数。

$$R^2 = \frac{\mathrm{SS}_R}{\mathrm{SS}_T}$$

由于 $0 \leqslant R^2 \leqslant 1$，$R^2$ 在评价回归方程拟合的好坏程度时常用，R^2 越接近 1，模型拟合效果越好。

In	Ms.summary().tables[0]		
	OLS Regression Results		
	==		
	Dep. Variable:	GDP	R-squared:	0.991
	Model:	OLS	Adj. R-squared:	0.991
	Method:	Least Squares	F-statistic:	8957.
Out	Date:	Mon, 25 Jan 2021	Prob (F-statistic):	0.00
	Time:	11:51:10	Log-Likelihood:	−3096.3
	No. Observations:	420	AIC:	6205.
	Df Residuals:	414	BIC:	6229.
	Df Model:	5		
	Covariance Type:	nonrobust		
	==		

上面的代码中还给出了一些模型评价的指标，如 **Adj.R-squared**（常用调整的决定系数）、赤池信息量准则（AIC）和贝叶斯信息准则（BIC）等统计量在变量选择、衡量非线性回归方程拟合的好坏程度时常用，限于篇幅，此处不详细介绍。

（2）回归模型假设条件的验证

前文我们介绍过，求解多变量线性回归模型有 4 个基本假定，其中重要的一个就是在建立回归模型时，要求误差服从独立同正态分布：

$$\varepsilon_i \overset{\mathrm{iid}}{\sim} N(0, \sigma^2) \quad (i = 1, 2, \cdots, n)$$

① 误差的不相关性检验。

如果随机误差项的各均值之间存在相关关系：

$$\mathrm{Cov}(u_t, u_s) \neq 0 \quad (t \neq s;\ t = 1, 2, \cdots, k,\ s = 1, 2, \cdots, k)$$

则称随机误差项之间存在自相关（autocorrelation）。

检验模型残差是否存在一阶自相关常用的方法是德宾-沃森（Durbin-Watson）检验，德宾（Durbin）和沃森（Watson）于 1951 年提出一种检测序列自相关的方法，即德宾-沃森检验。

德宾和沃森针对原假设 H_0，即不存在一阶自相关，构造如下统计量：

$$DW = \frac{\sum\limits_{t=2}^{n}(e_t - e_{t-1})^2}{\sum\limits_{t=1}^{n}e_t^2}$$

如果存在完全一阶正相关，则 $DW \approx 0$；如果存在完全一阶负相关，则 $DW \approx 4$；如果存在完全不相关，则 $DW \approx 2$。

对被估计模型的残差进行德宾-沃森检验。

DW 接近 2，说明模型 Ms 的残差不存在一阶自相关。

② 误差的正态性检验。

雅克-贝拉检验（Jarque-Bera 检验）：检验序列是否符合正态分布的一种正态性检验方法。当序列服从正态分布时，JB 统计量为：

$$JB = n\left(\frac{Skew^2}{6} + \frac{Kurtosis^2}{24}\right)$$

渐进服从卡方分布。式中，n 为样本例数，Skew、Kurtosis 分别为数据分布的偏度和峰度。

In	Ms.summary().tables[2]
Out	=== Omnibus: 105.439 Durbin-Watson: 1.539 Prob(Omnibus): 0.000 Jarque-Bera (JB): 1285.603 Skew: -0.678 Prob(JB): 6.84e-280 Kurtosis: 11.463 Cond. No. 5.70e+03 ===

从中可知 JB=1285.603，该模型的残差不服从正态分布（$p<0.05$），使用该模型时要小心。

模型总结：线性回归模型的结果表明，国内生产总值与其他经济指标之间存在显著的相关关系，其中，决定系数为 0.991，F 统计量和残差统计量的 P 值都接近于 0，表明模型拟合效果较好。德宾-沃森检验的值为 1.539，表明残差数据不存在序列相关性。雅克-贝拉检验的 P 值接近于 0，表明误差数据不服从正态分布。

一般统计分析软件在完成多元回归分析的同时都会输出方差分析与 t 检验的结果，其中 t 检验的结果会给出每个偏回归系数、常数项、标准误的值，以及 t 值与相应的 P 值。

In	M1.summary()						
Out	OLS Regression Results						
	==						
	Dep. Variable:		GDP	R-squared:			0.815
	Model:		OLS	Adj. R-squared:			0.815
	Method:		Least Squares	F-statistic:			1846.
	Date:		Mon, 25 Jan 2021	Prob (F-statistic):			1.88e-155
	Time:		11:51:59	Log-Likelihood:			−3727.0
	No. Observations:		420	AIC:			7458.
	Df Residuals:		418	BIC:			7466.
	Df Model:		1				
	Covariance Type:		nonrobust				
		coef	std err	t	P>|t|	[0.025	0.975]
	Intercept	−2678.4895	145.479	−18.412	0.000	−2964.450	−2392.529
	从业人员	19.2230	0.447	42.970	0.000	18.344	20.102
	Omnibus:		73.081	Durbin-Watson:			1.357
	Prob(Omnibus):		0.000	Jarque-Bera (JB):			244.550
	Skew:		0.763	Prob(JB):			7.88e-54
	Kurtosis:		6.413	Cond. No.			560.
	Warnings:						
	[1] Standard Errors assume that the covariance matrix of the errors is correctly specified.						

由假设检验结果可知，模型的 P 值小于 0.05，认为该线性回归模型有意义。由 t 检验结果可知，偏回归系数的 P 值小于 0.05，可认为从业人员对 GDP 有显著影响。

In	M2.summary()						
Out	OLS Regression Results						
	==						
	Dep. Variable:		GDP	R-squared:			0.832
	Model:		OLS	Adj. R-squared:			0.832
	Method:		Least Squares	F-statistic:			1036.
	Date:		Mon, 25 Jan 2021	Prob (F-statistic):			1.73e-162
	Time:		11:52:31	Log-Likelihood:			−3706.7
	No. Observations:		420	AIC:			7419.
	Df Residuals:		417	BIC:			7431.
	Df Model:		2				
	Covariance Type:		nonrobust				
	--						
		coef	std err	t	P>|t|	[0.025	0.975]
	--						
	Intercept	−2056.2456	168.490	−12.204	0.000	−2387.442	−1725.049
	从业人员	15.4243	0.723	21.340	0.000	14.004	16.845
	进出口额	1.1454	0.176	6.511	0.000	0.800	1.491
	--						
	Omnibus:		130.910	Durbin-Watson:			1.504
	Prob(Omnibus) :		0.000	Jarque-Bera (JB):			798.448
	Skew:		1.185	Prob(JB):			4.16e-174
	Kurtosis:		9.326	Cond. No.			1.84e+03
	==						
	Warnings:						
	[1] Standard Errors assume that the covariance matrix of the errors is correctly specified.						
	[2] The condition number is large, 1.84e+03. This might indicate that there are strong multicollinearity or other numerical problems.						

由假设检验结果可知，模型的 P 值小于 0.05，认为该线性回归模型也有意义。由 t 检验结果可知，从业人员和进出口额的偏回归系数的 P 值都小于 0.05，说明从业人员和进出口额对 GDP 都有较大影响。

In	Ms.summary()
Out	OLS Regression Results

Dep. Variable:	GDP	R-squared:	0.991
Model:	OLS	Adj. R-squared:	0.991
Method:	Least Squares	F-statistic:	8957.
Date:	Mon, 25 Jan 2021	Prob (F-statistic):	0.00
Time:	11:53:16	Log-Likelihood:	−3096.3
No. Observations:	420	AIC:	6205.
Df Residuals:	414	BIC:	6229.
Df Model:	5		
Covariance Type:	nonrobust		

	coef	std err	t	P>|t|	[0.025	0.975]
Intercept	−479.9633	58.331	−8.228	0.000	−594.625	−365.301
人均 GDP	55.4269	10.087	5.495	0.000	35.599	75.255
从业人员	2.5699	0.268	9.595	0.000	2.043	3.096
进出口额	0.1393	0.066	2.100	0.036	0.009	0.270
消费总额	1.7603	0.037	47.359	0.000	1.687	1.833
RD 经费	8.4944	0.421	20.179	0.000	7.667	9.322

Omnibus:	105.439	Durbin-Watson:	1.539
Prob(Omnibus):	0.000	Jarque-Bera (JB):	1285.603
Skew:	−0.678	Prob(JB):	6.84e-280
Kurtosis:	11.463	Cond. No.	5.70e+03

Warnings:
[1] Standard Errors assume that the covariance matrix of the errors is correctly specified.
[2] The condition number is large, 5.7e+03. This might indicate that there are strong multicollinearity or other numerical problems.

由假设检验结果可知，模型的 P 值小于 0.05，认为该线性回归模型也有意义。由 t 检验结果可知，所有自变量的偏回归系数的 P 值都小于 0.05，说明这些变量对 GDP 都有较大影响。

下面是选取深圳和 2019 年的部分数据所建立的多变量线性回归模型的代码，显然由于数据较少，建立的模型效果差很多。

In	smf.ols('GDP~+人均 GDP+从业人员+进出口额+消费总额+RD 经费', 　　data=GD[GD.地区=='深圳']).fit().summary()　　#深圳历年数据的模型

<table>
<tr><td rowspan="1" colspan="2">OLS Regression Results</td></tr>
</table>

Out	

```
                         OLS Regression Results
==============================================================================
Dep. Variable:                    GDP   R-squared:                       0.999
Model:                            OLS   Adj. R-squared:                  0.999
Method:                 Least Squares   F-statistic:                     3482.
Date:                Mon, 25 Jan 2021   Prob (F-statistic):           3.84e-21
Time:                        11:55:46   Log-Likelihood:                -135.78
No. Observations:                  20   AIC:                             283.6
Df Residuals:                      14   BIC:                             289.5
Df Model:                           5
Covariance Type:            nonrobust
==============================================================================
                 coef    std err          t      P>|t|      [0.025      0.975]
------------------------------------------------------------------------------
Intercept    -926.6721    442.163     -2.096      0.055   -1875.018      21.674
人均 GDP       542.1286    136.707      3.966      0.001     248.921     835.336
从业人员          3.5172      1.361      2.584      0.022       0.598       6.436
进出口额         -0.3132      0.136     -2.303      0.037      -0.605      -0.022
消费总额         -0.0381      0.194     -0.196      0.847      -0.454       0.378
RD 经费        13.2776      2.115      6.277      0.000       8.741      17.814
==============================================================================
Omnibus:                        0.417   Durbin-Watson:                   1.798
Prob(Omnibus):                  0.812   Jarque-Bera (JB):                0.309
Skew:                           0.269   Prob(JB):                        0.857
Kurtosis:                       2.716   Cond. No.                     4.08e+04
==============================================================================

Warnings:
[1] Standard Errors assume that the covariance matrix of the errors is correctly specified.
[2] The condition number is large, 4.08e+04. This might indicate that there are
strong multicollinearity or other numerical problems.
```

In	smf.ols('GDP~人均 GDP+从业人员+进出口额+消费总额+RD 经费', 　　data=GD[GD.年份==2019]).fit().summary() #2019 年广东省各地区数据的模型

	OLS Regression Results					
Dep. Variable:	GDP	R-squared:				0.997
Model:	OLS	Adj. R-squared:				0.995
Method:	Least Squares	F-statistic:				865.7
Date:	Mon, 25 Jan 2021	Prob (F-statistic):				6.67e-18
Time:	11:57:38	Log-Likelihood:				−156.26
No. Observations:	21	AIC:				324.5
Df Residuals:	15	BIC:				330.8
Df Model:	5					
Covariance Type:	nonrobust					

	coef	std err	t	P>|t|	[0.025	0.975]
Intercept	−323.5837	404.960	−0.799	0.437	−1186.735	539.567
人均 GDP	52.9562	39.238	1.350	0.197	−30.677	136.590
从业人员	−1.2584	2.654	−0.474	0.642	−6.916	4.399
进出口额	−1.1356	0.584	−1.945	0.071	−2.380	0.109
消费总额	2.3994	0.291	8.257	0.000	1.780	3.019
RD 经费	10.3077	2.139	4.818	0.000	5.748	14.868

Omnibus:	3.355	Durbin-Watson:		1.485
Prob(Omnibus):	0.187	Jarque-Bera (JB):		2.631
Skew:	−0.852	Prob(JB):		0.268
Kurtosis:	2.677	Cond. No.		1.32e+04

Warnings:

[1] Standard Errors assume that the covariance matrix of the errors is correctly specified.

[2] The condition number is large, 1.32e+04. This might indicate that there are strong multicollinearity or other numerical problems.

从前文的分析中也可以看到，模型的建立是一个复杂的过程，需要研究者不断探索，以获得较为有用的模型。

【Excel 的基本操作】

① 在透视表中选取需要的数据，本例选取 2019 年广东省 21 个地区的部分数据，如图 8-4 所示。

图 8-4

② 切换到"数据"选项卡，单击"分析"组中的"数据分析"按钮，将弹出"数据分析"对话框。在对话框中选择"回归"并单击"确定"按钮。

③ 输入。

Y 值输入区域：$B$3:$B$24。

X 值输入区域：$C$3:$G$24。

标志：勾选。

常数为零：只有当用户想强制使回归线通过原点(0,0)时才勾选。

置信度：Excel 自动包括回归系数 95% 的置信区间。

④ 输出选项。

输出区域：$I$2。如图 8-5 所示。

图 8-5

8.2.3 可线性化的非线性模型

1. 两变量非线性回归模型

可线性化的非线
性模型

两变量非线性回归模型也称为曲线回归模型。建立两变量非线性回归模型的关键在于要选择正确的曲线形式。

（1）趋势模型的类型

趋势模型通常有一次模型（直线）、对数模型（对数曲线）、指数模型（指数曲线）和幂函数模型（幂函数曲线）等。

① 一次模型：$Y = a + bt$。

这里的 t 通常是指时间的序列。

② 对数模型：$Y = a + b\log(t)$。

对 t 取对数即可将其转换为线性模型：$Y = a + b\log(t)$。

对数函数的特点是随着 t 增大，t 产生的变动对因变量 Y 的影响效果不断减弱。

③ 指数模型：$Y = ae^{bt}$。

对指数函数两端取对数，即可得线性模型：$\log(Y) = \log(a) + bt$。

指数函数广泛应用于描述客观现象的变动趋势。例如，产值、产量按一定比例增长或降低，就可以用这类函数来近似表示。

④ 幂函数模型：$Y = at^b$。

175

对幂函数两端求自然对数，即可得线性模型：$\log(Y)=\log(a)+b\log(t)$。

幂函数的特点是，方程中的参数可以直接反映因变量 Y 对于某个自变量的弹性。所谓 Y 对于 t 的弹性，是指 t 变动 1%时所引起的 Y 变动的百分比。

| In | ```python
n=20
t=np.arange(n)+1;t
df=DataFrame({'line':1+0.2*t,'log':1+0.2*np.log(t),
             'exp':0.2*np.exp(0.1*t),'pow':0.2**(-0.1*t)},index=t)
df
``` |
| Out | <table><tr><td></td><td>line</td><td>log</td><td>exp</td><td>pow</td></tr><tr><td>1</td><td>1.2</td><td>1.000</td><td>0.221</td><td>1.175</td></tr><tr><td>2</td><td>1.4</td><td>1.139</td><td>0.244</td><td>1.380</td></tr><tr><td>3</td><td>1.6</td><td>1.220</td><td>0.270</td><td>1.621</td></tr><tr><td>4</td><td>1.8</td><td>1.277</td><td>0.298</td><td>1.904</td></tr><tr><td>5</td><td>2.0</td><td>1.322</td><td>0.330</td><td>2.236</td></tr><tr><td>..</td><td>...</td><td>...</td><td>...</td><td>...</td></tr><tr><td>16</td><td>4.2</td><td>1.555</td><td>0.991</td><td>13.133</td></tr><tr><td>17</td><td>4.4</td><td>1.567</td><td>1.095</td><td>15.426</td></tr><tr><td>18</td><td>4.6</td><td>1.578</td><td>1.210</td><td>18.119</td></tr><tr><td>19</td><td>4.8</td><td>1.589</td><td>1.337</td><td>21.283</td></tr><tr><td>20</td><td>5.0</td><td>1.599</td><td>1.478</td><td>25.000</td></tr></table> |
| In | ```python
df.plot(subplots=True,layout=(2,2),style='.-',figsize=(8,6));
``` |
| Out | |

（2）模型的选择准则

① 根据以上模型，可分别建立其各自线性化后的回归模型。

② 分析各模型的 F 检验值或 t 检验值，看是否显著。

③ 再列表比较模型决定系数 R^2 值的大小，R^2 值越大，表示经该变换后，线性回归关系

越密切；选取 R^2 值最大的模型作为最优化模型。

在此过程中，模型的 R^2 值与模型系数 t 检验的计算，可借助数据分析软件 Python、R 或其他统计软件来完成。这样可大大减少研究者的工作量，而且提高了计算的准确性，能增强最后的选择的客观性。

（3）模型构建及预测

非线性模型的基本任务是通过两个相关变量 x 与 y 的实际观测数据构建曲线回归方程，以揭示 x 与 y 的趋势关系。

下面介绍对 2000 年—2019 年深圳人均 GDP 数据建立趋势回归模型。

In	SZ=GD[GD.地区=='深圳'].pivot_table('GDP','年份') SZ['t']=range(1,21) # t=1,2,3,…,20，相当于自变量 x SZ
Out	``` 　　　　GDP　　t 年份 2000　2187.45　1 2001　2482.49　2 2002　2969.52　3 2003　3585.72　4 2004　4282.14　5 ...　　...　　.. 2015　18014.07　16 2016　20079.70　17 2017　22490.06　18 2018　24221.77　19 2019　26927.09　20 ```
In	plt.plot(SZ.index,SZ.GDP,'o');
Out	

2．趋势模型的构建

（1）线性趋势模型

从 2000 年—2019 年深圳人均 GDP 数据的散点图可以看出，本例资料数据具有一定的线性趋势，可直接拟合直线方程。

In	#import statsmodels.formula.api as smf
	lm=smf.ols('GDP~t',data=SZ).fit()
	print(' R^2=%0.4f'%lm.rsquared)
	lm.summary().tables[1]

Out	R^2=0.9550 === coef std err t P>|t| [0.025 0.975] --- Intercept −2087.7270 787.375 −2.652 0.016 −3741.940 −433.514 t 1285.0549 65.729 19.551 0.000 1146.964 1423.146 ===
In	plt.plot(SZ.t,SZ.GDP,'.',SZ.t,lm.fittedvalues);
Out	

该模型的拟合优度（决定系数）$R^2 = 0.9550$，说明拟合的效果还不错，模型和回归系数检验都有显著的统计学意义。

【Excel 的基本操作】

下面讲述如何在散点图中插入线性趋势线并格式化这一结果。

① 双击图表激活它进行编辑，在图表周围将出现边框。

② 在某数据点上单击选取数据系列，这些点被醒目地显示，公式栏显示数据系列被选取。

③ 选中图表激活散点图，右击某数据点，在弹出的快捷菜单中选择"添加趋势线"，出现"设置趋势线格式"。

④ 在"设置趋势线格式"中勾选"显示公式"和"显示 R 平方值"复选框。确保"设置截距"复选框未被勾选，然后单击"确定"按钮。趋势线、方程式将插入散点图，如图 8-6 所示。

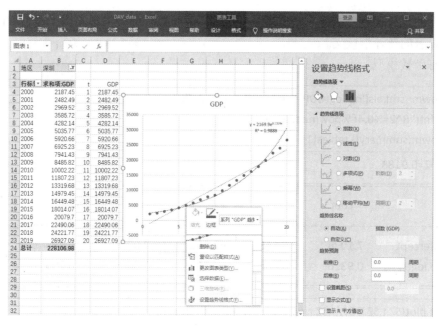

图 8-6

（2）指数模型

In	expm=smf.ols('np.log(GDP)~t',data=SZ).fit() print(' R^2=%0.4f'%expm.rsquared) expm.summary().tables[1]
Out	R^2=0.9888 === 　　　　　　　　coef　　　std err　　　　t　　　P>|t|　　　[0.025　　0.975] --- Intercept　　7.6824　　0.040　　191.933　　0.000　　　7.598　　7.767 t　　　　　　0.1329　　0.003　　39.777　　0.000　　　0.126　　0.140 ===
In	plt.plot(SZ.t,SZ.GDP,'.',SZ.t,np.exp(expm.fittedvalues));
Out	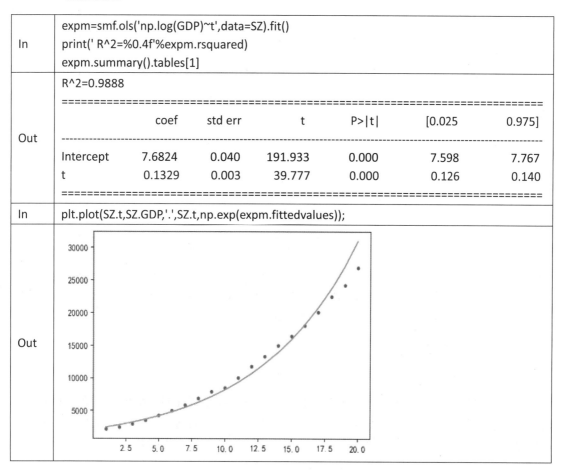

179

该模型的拟合优度（决定系数）$R^2 = 0.9888$，说明拟合的效果很不错，模型和回归系数检验都有显著的统计学意义。

（3）幂函数模型

In	powm=smf.ols('np.log(GDP)~np.log(t)',data=SZ).fit() print(' R^2=%0.4f'%powm.rsquared) powm.summary().tables[1]						
Out	R^2=0.9188						
	==						
		coef	std err	t	P>|t|	[0.025	0.975]
	--						
	Intercept	7.1038	0.148	48.082	0.000	6.793	7.414
	np.log(t)	0.9326	0.065	14.267	0.000	0.795	1.070
	==						
In	plt.plot(SZ.t,SZ.GDP,'.',SZ.t,np.exp(powm.fittedvalues));						
Out							

该模型的拟合优度（决定系数）$R^2 = 0.9188$，说明拟合的效果不如指数模型拟合的效果，但模型和回归系数检验仍都有显著的统计学意义。

3. 生产函数及其应用

（1）生产函数的概念

在经济学领域，生产理论有着很重要的地位。生产理论研究的范围相当广泛。所谓生产理论就是指研究在一定生产技术条件下，如何获得最大产量的问题。从一定程度上来说，生产模型就是通常所说的生产函数。而生产函数是描述生产过程中生产要素投入的某种组合同可能生产的最大产量之间的依存关系的数学表达式。生产函数一般表示为：

$$Y = f(A, L, K, \cdots)$$

式中 Y 为产量，A、L、K 等表示技术、劳动、资本等生产要素。

生产要素对产出量的作用与影响，主要是由一定的技术条件决定的，在一定的技术条件下会有一定的生产函数。所以，生产函数实质上反映的是生产过程中投入的生产要素与产出量之间的技术关系。

生产函数的数学形式多种多样，但无论取哪一种函数形式，一般都假设它是连续可微的函数，且其导函数也是连续的。

本小节会介绍一种生产要素的简单生产函数（柯布-道格拉斯生产函数，简称 C-D 生产函数）：

$$Y = AK^{\alpha}L^{\beta}$$

对函数两边取对数：

$$\ln Y = A_0 + \alpha \ln K + \beta \ln L$$

式中 $A_0 = \ln(A)$，这里 $\ln$ 为自然对数，Y、K、L 的统计数据可以是横截面数据，也可以是时间序列数量。

我们可以利用有关产出量 Y、资本投入 K 和劳动投入 L 的统计数据，对生产函数模型直接应用最小二乘法，估计参数 A、α、β。

（2）弹性分析

所谓弹性是指一个经济变量的相对变动对另一个相关经济变量的相对变动的影响程度。

对于生产函数 $Y = AK^{\alpha}L^{\beta}$，如 Y 表示产出量、K 为资本、L 为劳动力，则 A 就是一个效率参数，一般称为技术进步水平。

资本变化一个单位引起的产出的变化量为：

$$\frac{\partial Y}{\partial K} = \alpha \frac{Y}{K}$$

该式的经济学含义就是指资本的边际产出。

由此可得：

$$\frac{\partial Y}{\partial K} \cdot \frac{K}{Y} = \alpha$$

α 就是资本的产出弹性系数，同理，β 就是劳动力的产出弹性系数。

下面以此求广东地区经济增长的生产函数。其中 Y 取 GDP，L 取从业人员，K 取进出口额。

用 Python 对生产函数进行多变量非线性回归拟合。

In	`from numpy import log as ln`
	`C_D=smf.ols('ln(GDP)~ln(从业人员)+ln(进出口额)',data=GD).fit()`
	`print(C_D.summary())`

```
                    OLS Regression Results
========================================================================
Dep. Variable:              ln(GDP)    R-squared:                  0.837
Model:                          OLS    Adj. R-squared:             0.836
Method:               Least Squares    F-statistic:                1070.
Date:              Wed, 20 Jan 2021    Prob (F-statistic):      5.75e-165
Time:                      15:43:16    Log-Likelihood:           −280.55
No. Observations:               420    AIC:                        567.1
Df Residuals:                   417    BIC:                        579.2
Df Model:                         2
Covariance Type:          nonrobust
========================================================================
                  coef    std err          t      P>|t|     [0.025    0.975]
------------------------------------------------------------------------
Intercept       0.9208      0.252      3.656      0.000      0.426     1.416
ln(从业人员)     0.8288      0.053     15.635      0.000      0.725     0.933
ln(进出口额)     0.3930      0.016     24.546      0.000      0.361     0.424
========================================================================
Omnibus:                     22.746    Durbin-Watson:              0.641
Prob(Omnibus):                0.000    Jarque-Bera (JB):          14.155
Skew:                         0.308    Prob(JB):                0.000844
Kurtosis:                     2.345    Cond. No.                    78.2
========================================================================
```

(labelled "Out")

In	`A0=np.exp(C_D.params[0]);print('A0=%.4f'%A0)`
Out	`A0=2.5113`

于是得该经济增长方式的生产函数

$$Y = \exp(0.9208)K^{0.8288}L^{0.3930} = 2.5113K^{0.8288}L^{0.3930}$$

从模型的拟合结果来看，效果很不错，各回归系数都显著（$P<0.05$），模型检验也有显著的统计学意义。

结果显示：从业人员数量每增长 1%时，GDP 增长弹性为 0.8288%；进出口额每增长 1%时，GDP 增长弹性为 0.3930%。

8.3　一般线性模型及可视化

由于统计模型的多样性和各种模型的适应性，针对因变量和自变量的

一般线性模型及
可视化

取值性质，统计模型可分为多种类型。通常自变量为定性变量的线性模型称为一般线性模型，例如实验设计模型、方差分析模型。因变量为非正态分布的线性模型称为广义线性模型，例如逻辑回归模型、对数线性模型、比例风险模型。本节限于篇幅，只简单介绍一般线性模型的应用，广义线性模型的内容请参考相关文献。

8.3.1　一般线性模型的形式

当应变量 y 为连续变量时，为了探讨 y 和 $x_1, x_2, \cdots, x_p$ 的线性关系，建立以下模型：

$$y = \beta_0 + \beta_1 x_1 + \beta_2 x_2 + \cdots + \beta_p x_p + \varepsilon$$

其中，ε 为随机误差，$E(\varepsilon)=0$。

对于一个样本含量为 n 的样本，以上给出的线性方程可用矩阵表示为

$$\begin{cases} \boldsymbol{Y} = \boldsymbol{X}\beta + \varepsilon \\ E(\varepsilon) = 0, \ \ \mathrm{Cov}(\varepsilon) = \sigma^2 I \end{cases}$$

该式被称为一般线性模型。

1．线性回归模型

当自变量 $x_1, x_2, \cdots, x_p$ 均为连续变量时，就是 8.2 节讲的线性回归模型，y 为因变量观察结果向量，$\boldsymbol{X}$ 为自变量观察阵。

2．方差分析模型

在一个模型中，当 $x_1, x_2, \cdots, x_p$ 是由因素构成的分类变量时，y 为反应变量（实验结果），$\boldsymbol{X}$ 为设计阵，则称该模型为实验设计模型或方差分析模型。

例如，设 T 表示居住地因素，有 3 个水平：城市、乡镇、农村。构造分类变量 X_1、X_2、X_3 来描述 T 因素。当 T 因素处于"城市"这个水平上时，$X_1=1$，$X_2=X_3=0$；当 T 因素处于"乡镇"这个水平上时，$X_1=X_3=0$，$X_2=1$；当 T 因素处于"农村"这个水平上时，$X_1=X_2=0$，$X_3=1$。

3．协方差分析模型

当自变量的一部分是根据因素产生的分类变量，另一部分是连续变量 Z（也称协变量）时，模型称为协方差分析模型。此时矩阵可以写成：

$$\boldsymbol{Y} = \boldsymbol{X}\beta + \boldsymbol{Z}\alpha + \varepsilon$$

其中 $\boldsymbol{X}$ 是由哑变量构成的设计阵，$\boldsymbol{Z}$ 是由连续变量构成的观察阵。由此亦可看出协方差分析模型是回归模型和实验设计模型的混合效应模型。协方差分析模型的分析重点在实验设计部分（分类变量对应变量的影响），而回归部分是用来克服协变量对实验结果的影响。

至于 y 非连续变量的情况就比较复杂了，如 y 为二项分布时通常需构建 Logistic 模型，y 为泊松分布时通常需构建对数线性模型等，限于篇幅，本书不介绍。

下面仅以单因素方差分析模型为例介绍模型分析。

8.3.2　单因素方差分析模型

单因素方差分析模型指分析的分类变量因素 A 有 k 个水平，结果为 y_{ij}（$i=1,2,\cdots,k$，$j=1,2,\cdots,n_i$）。A 是因素，拟合模型前先产生 k 个哑变量 $x_1, x_2, \cdots, x_k$。当实验结果是在 A 的第 i 个水平上获得的时，$x_i=1$，其他哑变量的取值都为 0。根据哑变量的这个特性，一般线性模型可简化成如下形式：

$$\begin{cases} y_{ij} = \mu + \alpha_i + e_{ij}\,(i=1,2,\cdots,k,\ j=1,2,\cdots,n_i) \\ E(e) = 0,\ \mathrm{Cov}(e) = \sigma^2 I \end{cases}$$

其中 μ 表示观察结果 y_{ij} 的总体均值，α_i 是哑变量的系数，称为 A 因素各水平的主效应，e_{ij} 是误差项。可用矩阵表示：

$$Y = X\beta + \varepsilon$$

其中 X 是设计阵，元素为 0 或 1，ε 是随机误差，Y 为观察结果向量，

$$\beta = (\mu, \alpha_1, \alpha_2, \cdots, \alpha_k)'$$

比如当 A 因素有 3 个水平时，其模型可以写成如下形式，其中 μ 相当于模型的截距，回归系数 α_1、α_2、α_3 为各水平的效应，对因素各水平均值的检验相当于效应差值的显著性检验。

$$\begin{bmatrix} y_{11} \\ y_{12} \\ \vdots \\ y_{1n_1} \\ y_{21} \\ y_{22} \\ \vdots \\ y_{2n_2} \\ y_{31} \\ y_{32} \\ \vdots \\ y_{3n_3} \end{bmatrix} = \begin{bmatrix} \mu + 1\cdot\alpha_1 + 0\cdot\alpha_2 + 0\cdot\alpha_3 \\ \mu + 1\cdot\alpha_1 + 0\cdot\alpha_2 + 0\cdot\alpha_3 \\ \vdots \\ \mu + 1\cdot\alpha_1 + 0\cdot\alpha_2 + 0\cdot\alpha_3 \\ \mu + 0\cdot\alpha_1 + 1\cdot\alpha_2 + 0\cdot\alpha_3 \\ \mu + 0\cdot\alpha_1 + 1\cdot\alpha_2 + 0\cdot\alpha_3 \\ \vdots \\ \mu + 0\cdot\alpha_1 + 1\cdot\alpha_2 + 0\cdot\alpha_3 \\ \mu + 0\cdot\alpha_1 + 0\cdot\alpha_2 + 1\cdot\alpha_3 \\ \mu + 0\cdot\alpha_1 + 0\cdot\alpha_2 + 1\cdot\alpha_3 \\ \vdots \\ \mu + 0\cdot\alpha_1 + 0\cdot\alpha_2 + 1\cdot\alpha_3 \end{bmatrix} + \begin{bmatrix} e_{11} \\ e_{12} \\ \vdots \\ e_{1n_1} \\ e_{21} \\ e_{22} \\ \vdots \\ e_{2n_2} \\ e_{31} \\ e_{32} \\ \vdots \\ e_{3n_3} \end{bmatrix}$$

$$Y = X\beta + e$$

注意，我们也可用传统的方差分析方法对因素 A 的各水平均值进行检验。

1. 横向数据比较

下面我们对广州、佛山和东莞 3 个地区的 GDP 平均水平进行比较。

In	Df1=GD[GD.地区.isin(['广州','佛山','东莞'])];Df1
Out	地区　　　　GDP 序号 1　　广州　　2505.58 3　　佛山　　1050.38 4　　东莞　　820.30 22　　广州　　2857.92 24　　佛山　　1189.19 ...　　...　　... 381　　佛山　　9935.88 382　　东莞　　8278.59 400　　广州　　23628.60 402　　佛山　　10751.02 403　　东莞　　9482.50 [60 rows x 2 columns]
In	stat1=Df1.pivot_table(['GDP'],['地区'],aggfunc=[len,np.mean,np.std]);#stat1 stat1['mean'].iplot(kind='bar');
Out	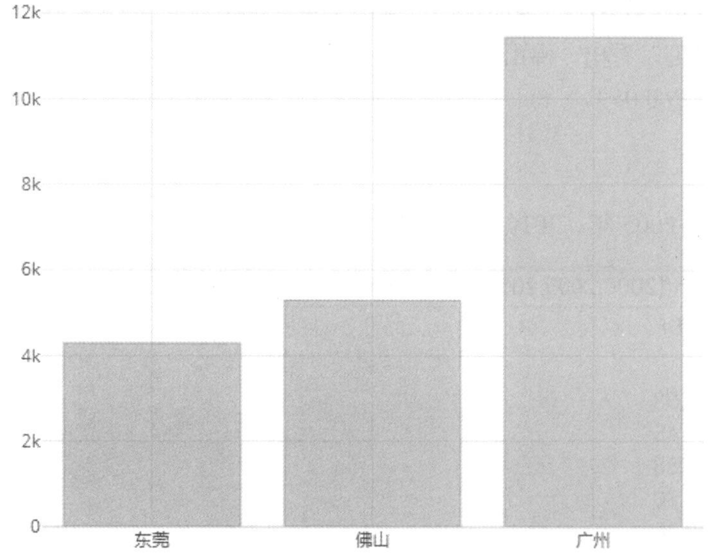

从图中可以看出，3 个地区的 GDP 均值水平差异还是较大的，下面我们通过线性模型进行检验。

| In | import statsmodels.formula.api as smf
Model1=smf.ols('GDP~地区',data=Df1).fit()
Model1.summary() |

	OLS Regression Results					
Out	Dep. Variable:	GDP	R-squared:			0.316
	Model:	OLS	Adj. R-squared:			0.292
	Method:	Least Squares	F-statistic:			13.16
	Date:	Sun, 31 Jan 2021	Prob (F-statistic):			1.99e-05
	Time:	18:35:29	Log-Likelihood:			−591.80
	No. Observations:	60	AIC:			1190.
	Df Residuals:	57	BIC:			1196.
	Df Model:	2				
	Covariance Type:	nonrobust				

	coef	std err	t	P>|t|	[0.025	0.975]
Intercept	4290.3050	1066.613	4.022	0.000	2154.450	6426.160
地区[T.佛山]	998.8075	1508.418	0.662	0.511	−2021.748	4019.363
地区[T.广州]	7146.3820	1508.418	4.738	0.000	4125.826	1.02e+04

Omnibus:	2.284	Durbin-Watson:		0.566
Prob(Omnibus):	0.319	Jarque-Bera (JB):		1.728
Skew:	0.411	Prob(JB):		0.422
Kurtosis:	3.117	Cond. No.		3.73

本检验的 F 值为 13.16，$P<0.05$，说明广州、佛山和东莞 3 个地区的 GDP 均值有显著差异。但从系数的检验结果可以看出，佛山与东莞（基准）并无显著差异（$P=0.511>0.05$），而广州与东莞有显著差异（$P<0.05$）。

2. 纵向数据比较

下面我们对 2000 年、2005 年、2010 年和 2015 年这 4 年的 GDP 均值水平进行比较。

In	Df2=GD[GD.年份.isin([2000,2005,2010,2015])][['年份','GDP']]; Df2
Out	年份　　　GDP 序号 1　　2000　　2505.58 2　　2000　　2187.45 3　　2000　　1050.38 4　　2000　　820.30 5　　2000　　439.20 ...　　...　　... 332　2015　959.78 333　2015　914.21 334　2015　810.08 335　2015　760.70 336　2015　696.44 [84 rows x 2 columns]

In	stat2=Df2.pivot_table(['GDP'],['年份'],aggfunc=[len,np.mean,np.std]); print(stat2)

		len	mean	std
		GDP	GDP	GDP
Out	年份			
	2000	21.0	534.040	648.161
	2005	21.0	1097.952	1459.335
	2010	21.0	2287.437	2997.000
	2015	21.0	3791.325	5117.482

In	stat2['mean'].iplot(kind='bar');

Out	

从图中可以看出，4 个年份的 GDP 均值水平差异还是较大的，继续用线性模型进行检验。

In	import statsmodels.formula.api as smf Df2.年份=Df2.年份.astype(str)　#需将年份数据转换为字符型 Model2=smf.ols('GDP~年份',data=Df2).fit() print(Model2.summary())

Out	OLS Regression Results

```
===============================================================
Dep. Variable:              GDP   R-squared:              0.148
Model:                      OLS   Adj. R-squared:         0.116
Method:           Least Squares   F-statistic:            4.627
Date:          Sun, 31 Jan 2021   Prob (F-statistic):   0.00491
Time:                  19:19:53   Log-Likelihood:       -791.64
No. Observations:            84   AIC:                    1591.
Df Residuals:                80   BIC:                    1601.
Df Model:                     3
Covariance Type:      nonrobust
===============================================================
```

	coef	std err	t	P>|t|	[0.025	0.975]
Intercept	534.0400	670.114	0.797	0.428	−799.529	1867.609
年份[T.2005]	563.9124	947.684	0.595	0.553	−1322.039	2449.864
年份[T.2010]	1753.3967	947.684	1.850	0.068	−132.555	3639.348
年份[T.2015]	3257.2848	947.684	3.437	0.001	1371.334	5143.236

Omnibus:	80.464	Durbin-Watson:	0.703
Prob(Omnibus):	0.000	Jarque-Bera (JB):	573.868
Skew:	3.117	Prob(JB):	2.43e-125
Kurtosis:	14.185	Cond. No.	4.79

本检验的 F 值为 4.627，$P<0.05$，说明 2000 年、2005 年、2010 年和 2015 年这 4 年的 GDP 均值有显著差异。但从系数的检验结果可以看出，2000 年、2005 年、2010 年这 3 年的 GDP 均值并无显著差异（$P>0.05$），而 2000 年与 2015 年的 GDP 均值有显著差异（$P<0.05$）。

练习题 8

一、选择题

1. 关于相关系数 r，下列说法不正确的是_____。
   A．取值范围为[−1,1]
   B．相关系数是协方差的标准化形式，仍受单位的影响
   C．$−1<r<0$ 表示具有负线性相关关系
   D．$r=1$ 表示变量完全正线性相关

2. 相关系数的显著性检验用到的检验函数是_____。
   A．scatter　　　B．constant　　　C．pearsonr　　　D．subplots

3. 阅读如下代码：
```
import statsmodels.api as sm
fm1=sm.OLS(y,sm.add_constant(x)).fit()
S=fm1.tvalues ;S
W=fm1.pvalues ;W
```
   其中 x 为身高数据，y 为体重数据，下列哪个说法不正确_____。
   A．S 为系数 t 检验值　　　　　　B．W 为系数 t 检验概率
   C．S 为参数估计值　　　　　　　D．W 为参数拟合值

4. 以下哪个选项不是建立线性模型的作用_____。
   A．影响因素分析　　B．进行估计　　C．用来预测　　D．进行分类

5. 以下哪个命令表示预测_____。
   A．table　　　B．summary　　　C．predict　　　D．fit

二、计算题

1．由专业知识可知，合金的强度 y（10^7Pa）与合金中碳的含量 x（%）有关。为了生产出强度满足顾客需要的合金，在冶炼时应该如何控制碳的含量？如果在冶炼过程中通过化验得知了碳的含量，能否预测该合金的强度？

x：0.10, 0.11, 0.12, 0.13, 0.14, 0.15, 0.16, 0.17, 0.18, 0.20, 0.21, 0.23

y：42, 43.5, 45, 45.5, 45, 47.5, 49, 53, 50, 55, 55, 60

（1）绘制 x 与 y 的散点图，并以此判断 x 与 y 之间是否大致呈线性关系。

（2）计算 x 与 y 的相关系数并做假设检验。

（3）实现 y 对 x 的最小二乘回归，并给出常用统计量。

（4）估计当 x=0.22 时，y 等于多少；预测当 x=0.25 时，y 等于多少。

2．经济数据：收集 2000 年—2011 年共 12 年的财政收入相关数据，分别是财政收入（y，元）、国民生产总值（x1，元）、税收（x2，元）、进出口贸易总额（x3，元）、经济活动人口（x4，人）。

year	y	x1	x2	x3	x4
2000	29.37	185.98	28.22	55.60	653.23
2001	31.49	216.63	29.90	72.26	660.91
2002	34.83	266.52	32.97	91.20	667.82
2003	43.49	345.61	42.55	112.71	674.68
2004	52.18	466.70	51.27	203.82	681.35
2005	62.42	574.95	60.38	235.00	688.55
2006	74.08	668.51	69.10	241.34	697.65
2007	86.51	731.43	82.34	269.67	708.00
2008	98.76	769.67	92.63	268.58	720.87
2009	114.44	805.79	106.83	298.96	727.91
2010	133.95	882.28	125.82	392.74	739.92
2011	163.86	943.46	153.01	421.93	744.32

（1）试将这组数据输入电子表格。

（2）试用 pandas 的 read_excel 函数读取数据。

（3）试用 Python 函数获取 2006 年—2011 年的数据，以及 2006 年—2011 年的国民生产总值和经济活动人口数据。

（4）进行多元相关分析。

（5）进行多元回归分析。

第9章 文本数据挖掘及在线数据分析①

文本数据挖掘（text data mining）是指从大量文本数据中提取出有价值的知识，并且利用这些知识重新组织信息的过程。从这个意义上讲，文本数据挖掘是数据挖掘与分析的一个分支。文本数据挖掘利用智能算法，分析大量的非结构化文本源（如文档、电子表格、客户电子邮件、网页等），提取或标记关键字概念、文字间的关系，并按照内容对文档进行分类，获取有用的知识和信息。

在线分析处理是一种重要的商务智能分析技术。这种技术主要用于对多维数据集进行多角度、多层次的分析，帮助管理者获取关于业务的洞察信息。在线数据分析也称联机分析处理，是一种新兴的软件技术，它专门被设计来支持复杂的分析操作，侧重于对决策人员和高层管理人员的决策进行支持，可以应分析人员的要求，快速、灵活地进行大数据量的复杂查询处理，并且会以一种直观、易懂的形式将查询结果提供给决策人员，以便他们准确掌握企业的经营状况、了解市场需求并确定正确的方案，以增加效益。

9.1 文本数据预处理、挖掘及可视化

9.1.1 文本数据的预处理

Python 中没有现成的处理文本（特别是中文文本）的函数与方法，可以根据 Python 自带的字符处理函数编写文本分析所需的函数。这里介绍一些常用且简单的 Python 字符处理函数。

文本数据挖掘及
可视化

1. 字符及字符串统计

直接使用 len 函数可分别对字段长度、列表长度和嵌套列表长度进行统计，len 函数也可以直接对中文字段进行操作。

In	s='abcdef' #字符串的定义
	len(s) #字符串的长度
Out	6

---

① 本章可作为选学内容。

In	S=['Python', 'Data', 'Visual', '暨南大学', '管理学院'];　#字符串列表长度 len(S)　　　　#字符串的个数
Out	5
In	[len(s)　for　s　in　S]　　　　　#字符串列表中各字符串的长度
Out	[6, 4, 6, 4, 4]

2. 字符串连接与拆分

（1）字符串的连接

方法 1：+。

直接使用+就可以实现对两个或多个字符串进行连接。

In	'Excel'+ ' '+'and'+ ' '+'Python'
Out	'Excel.and.Python'

方法 2：字符串格式化输出。

有时对连接有自定义操作，这时可以采用字符串格式化输出，这种方法更为常用。

In	s = '%s%s%s%s%s'%('Excel', '.','and', '.','Python');s
Out	'Excel.and.Python'

方法 3：join 函数。

如果操作的对象是列表，也可以采用 join 函数。

In	listStr = ['Excel', '.','and', '.','Python'] ''.join(listStr)
Out	'Excel.and.Python'

（2）字符串的拆分

Python 内置了针对字符串进行拆分的函数 split。

In	S1='中国;广东省;广州市;天河区' S1.split(';')　　#按;拆分
Out	['中国', '广东省', '广州市', '天河区']
In	S2='暨南大学、管理学院、企业管理系' S2.split('、')　　#按、拆分
Out	['暨南大学', '管理学院', '企业管理系']

针对字符串列表（相当于一段文本），可以自定义一个列表拆分函数 list_split。

In	S3=['广州大学;广州发展研究院','暨南大学;文学院;历史系','暨南大学;管理学院']

| In | ```
def list_split(lists,sep):  #列表拆分函数
    new_list=[]
    for i in range(len(lists)):
        new_list.append(list(filter(None,lists[i].split(sep))))
    return new_list
``` |
|---|---|
| In | `list_split(S3,';')` |
| Out | `[['广州大学', '广州发展研究院'], ['暨南大学', '文学院', '历史系'], ['暨南大学', '管理学院']]` |

3．字符串查询与替换

（1）in 函数

在 Python 中 in 可以实现直接查询（集合操作）。

In	`'暨南大学' in S2`
Out	`True`

根据 in 的特点可以自定义一个字符串列表查询函数 list_find。

| In | ```
def list_find(lists,word):
    return [lists[i] for i in range(len(lists)) if (word in lists[i]) == True]
``` |
|---|---|
| In | `list_find(S3,'暨南大学')` |
| Out | `['暨南大学;文学院;历史系', '暨南大学;管理学院']` |

（2）replace 函数

replace 函数可以对字符串的内容进行替换。

In	`S2.replace('、',';')`
Out	`'暨南大学;管理学院;企业管理系'`

也可以自定义一个针对字符串列表的字符串替换函数 list_replace。

| In | ```
def list_replace(lists,old,new):
    return [lists[i].replace(old,new) for i in range(len(lists))]
``` |
|---|---|
| In | `list_replace(S3,'暨南大学','中山大学')` |
| Out | `['广州大学;广州发展研究院', '中山大学;文学院;历史系', '中山大学;管理学院']` |

9.1.2 文本数据挖掘及可视化

1．文本数据挖掘的概念与方法

文本数据挖掘是提取有效、新颖、有用、可理解的、散布在文本文件中的有价值的知识，并且利用这些知识更好地组织信息的过程。文本数据挖掘是数据挖掘的一个应用分支，用于进行基于文本信息的知识发现。文本数据挖掘利用智能算法，如神经网络、基于案例的推理、
```

可能性推理等，并结合文字处理技术，分析大量的非结构化文本源（如文档、电子表格、客户电子邮件、网页等），提取或标记关键字概念、文字间的关系，并按照内容对文档进行分类，获取有用的知识和信息。

文本数据挖掘是从数据挖掘发展而来的，但这并不意味着简单地将数据挖掘技术运用到大量文本的集合上就可以实现文本数据挖掘，还需要做很多准备工作。文本数据挖掘的准备工作由文本收集、文本分析和特征修剪 3 个部分组成。

（1）文本收集

需要挖掘的文本数据可能具有不同的类型，且分散在很多地方。需要寻找和检索所有被认为可能与当前工作相关的文本。一般地，系统用户都可以定义文本集，但是仍需要一个用来过滤相关文本的系统。

（2）文本分析

与数据库中的结构化数据相比，文本具有有限的结构，或者根本就没有结构；此外文档的内容是用人类所使用的自然语言描述的，计算机很难理解其语义。文本数据的这些特殊性使得现有的数据挖掘技术无法直接应用于其上，需要对文本进行分析，提取代表其特征的元数据，这些特征可以以结构化的形式保存，作为文档的中间表示形式。其目的在于从文本中扫描并提取所需要的事实。本小节会介绍对《粤港澳大湾区发展规划纲要》进行文本数据挖掘与分析。

（3）关键词词云分析

词云就是对文本中出现频率较高的"关键词"予以视觉上的突出显示，形成"关键词云层"或"关键词渲染"，从而过滤掉大量的文本信息，使用户一眼扫过文本就可以领略文本的主旨。好的数据可视化，可以使得数据分析的结果更通俗易懂。"词云"就是数据可视化的一种形式。

2．Python 分词包 jieba

jieba（结巴分词）被称为"最强 Python 分词工具"，是 Python 中极流行的一个分词工具，在自然语言处理等场景被广泛使用。

（1）安装

In	#!pip install jieba
Out	Requirement already satisfied: jieba in c:\users\lenovo\anaconda3\lib\site-packages (0.42.1)

（2）简单分词

In	import jieba words1 = jieba.lcut("我爱中国暨南大学"); words1
Out	['我', '爱', '中国', '暨南大学']

将句子切分成了 4 个词组的列表。

（3）全模式分词

In	words2 = jieba.lcut("我爱中国暨南大学",cut_all=True); words2
Out	['我', '爱', '中国', '暨南', '暨南大学', '南大', '大学']

采用全模式分出来的词覆盖面更广。

（4）提取关键词

从一个句子或者一个段落中提取前 K 个关键词，topK 为返回前 K 个权重最大的关键词，withWeight 为返回每个关键字的权重。

In	sentence="词云就是对文本中出现频率较高的"关键词"予以视觉上的突出，形成"关键词云层"或"关键词渲染"，从而过滤掉大量的文本信息，使用户只要一眼扫过文本就可以领略文本的主旨。好的数据可视化，可以使得数据分析的结果更通俗易懂。"词云"就是数据可视化的一种形式。"
In	import jieba.analyse as ja ja.extract_tags(sentence,topK=5)　　#句中出现次数最多的 5 个词
Out	['文本', '关键词', '流失率', '用户', '词云']
In	ja.extract_tags(sentence,topK=5,withWeight=True) #出现次数最多的 5 个词及其权重
Out	[('文本', 0.7778130951626087), ('关键词', 0.5806607855354349), ('流失率', 0.30218864460869566), ('用户', 0.2966233074965217), ('词云', 0.25988625006304344)]

3. 文本数据的收集与分词

（1）《粤港澳大湾区发展规划纲要》

《粤港澳大湾区发展规划纲要》进一步提升了粤港澳大湾区在国家经济发展和对外开放中的支撑引领作用，支持香港、澳门融入国家发展大局，将增进香港、澳门同胞福祉，保持香港、澳门长期繁荣稳定，让港澳同胞同祖国人民共担民族复兴的历史责任、共享祖国繁荣富强的伟大荣光。

（2）规划纲要正文（节选）

In	txt = open('GBAtxt.txt', 'r',encoding='GBK').read() txt[:200]　　#显示前 200 个字符
Out	'《粤港澳大湾区发展规划纲要》\n 前言\n 粤港澳大湾区包括香港特别行政区、澳门特别行政区和广东省广州市、深圳市、珠海市、佛山市、惠州市、东莞市、中山市、江门市、肇庆市(以下称珠三角九市)，总面积 5.6 万平方公里，2017 年年末总人口约 7000 万人，是我国开放程度最高、经济活力最强的区域之一，在国家发展大局中具有重要战略地位。建设粤港澳大湾区，既是新时代推动形成全面开放新格局的新尝试，也是推动"一国两制"事'

（3）分词及权重分析

In	words = jieba.lcut(txt)　　# 使用精确模式对文本进行分词 words[:10]　#显示前 10 个词
Out	'《', '粤港澳', '大湾', '区', '发展', '规划', '纲要', '》', '\n', '前言'

In	Wi=ja.extract_tags(txt,topK=10,withWeight=True)
	#文中出现次数最多的 10 个词及其权重
	pd.DataFrame(Wi,columns=['关键词','权重'])

Out	<table><tr><td></td><td>关键词</td><td>权重</td></tr><tr><td>0</td><td>粤港澳</td><td>0.149</td></tr><tr><td>1</td><td>大湾</td><td>0.129</td></tr><tr><td>2</td><td>建设</td><td>0.094</td></tr><tr><td>3</td><td>港澳</td><td>0.086</td></tr><tr><td>4</td><td>合作</td><td>0.085</td></tr><tr><td>5</td><td>澳门</td><td>0.072</td></tr><tr><td>6</td><td>发展</td><td>0.071</td></tr><tr><td>7</td><td>创新</td><td>0.070</td></tr><tr><td>8</td><td>支持</td><td>0.065</td></tr><tr><td>9</td><td>香港</td><td>0.057</td></tr></table>

4．词频与词云分析及可视化

（1）词频分析

| In | ```python
def  words_freq(words):  #定义统计文中词出现的频数的函数
    counts = {}      # 通过键值对的形式存储词及其出现的次数
    for word in words:
        if len(word) == 1:   continue  # 单个字不计算在内
        else: #遍历所有词，每出现一次其值加 1
            counts[word] = counts.get(word,0) + 1
    return(DataFrame(counts.items(),columns=['关键词','频数']))
``` |
|---|---|
| In | wordsfreq=words_freq(words);wordsfreq |
| Out | <table><tr><td></td><td>关键词</td><td>频数</td></tr><tr><td>0</td><td>粤港澳</td><td>117</td></tr><tr><td>1</td><td>大湾</td><td>118</td></tr><tr><td>2</td><td>发展</td><td>201</td></tr><tr><td>3</td><td>规划</td><td>19</td></tr><tr><td>4</td><td>纲要</td><td>1</td></tr><tr><td>...</td><td>...</td><td>...</td></tr><tr><td>2188</td><td>劳工</td><td>1</td></tr><tr><td>2189</td><td>学术界</td><td>1</td></tr><tr><td>2190</td><td>建立联系</td><td>1</td></tr><tr><td>2191</td><td>公众</td><td>2</td></tr><tr><td>2192</td><td>意见反馈</td><td>1</td></tr><tr><td colspan="3">[2193 rows x 2 columns]</td></tr></table> |
```

In	wordsfreq.sort_values(by='频数',ascending=False,inplace=True); wordsfreq keys=wordsfreq.set_index('关键词'); keys[:10] #按词频排序，并设关键词为索引，取排名前 9 个关键词
Out	频数 关键词 发展　　201 建设　　192 合作　　155 支持　　128 创新　　122 大湾　　118 粤港澳　117 香港　　98 港澳　　98
In	keys[:10].plot(kind='barh');
Out	

（2）词云分析
```
> pip install WordCloud        #安装词云包
```

In	from wordcloud import WordCloud #加载词云包

In	strings=' '.join(words) #用.join 将分词连接为字符串，用空格分隔
	WC=WordCloud(max_words=50,max_font_size=200,width=1200,
	height=800, font_path='STZHONGS.TTF',background_color='white')
	plt.imshow(W C.generate(strings)); plt.axis('off');

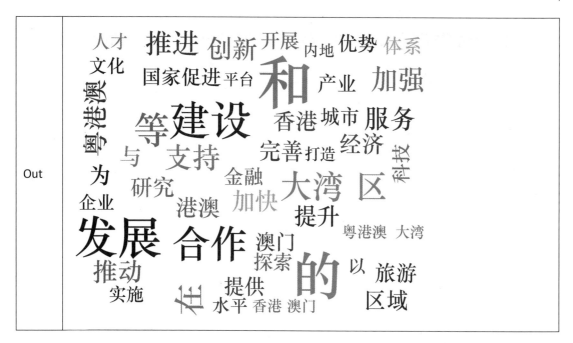

注意在制作该图时并未删除一些停止词。停止词是指在句子中"无关紧要"的词语，例如标点符号、指示代词等，分词前要先将这些词去掉。分词方法 cut 不支持直接过滤停止词，需要手动处理。限于篇幅，这部分内容从略。

9.2　在线数据的获取及分析

网上存在大量的在线数据，如何获取这些数据是大家所关心的，下面我们以中商情报网的中商产业研究院数据库平台为例介绍这类数据的获取和分析[①]。

在线数据的获取
及分析

中商情报网是国内第三方市场研究组织和企业综合咨询服务提供商。其已构建起企业商业情报数据库，致力于为企业中高层管理人员、企事业发展研究部门人员、市场投资人士、投行及咨询行业人士、投资专家等提供各行业的市场研究资料和商业竞争情报，并致力于为国内外各行业企业、科研院所、社会团体和政府部门等提供专业的行业市场研究、行业专项咨询、项目可行性研究、IPO 咨询、商业计划书等服务。

9.2.1　简单数据的获取及分析

中商情报网上的很多数据都是以表格的形式出现的，对于少量的表格数据，我们可以用简单的复制方式获取数据。

1．行政区划数据的获取

进入中商情报网网页，如图 9-1 所示，可选取数据并复制到 Python 中。

---

① 特别申明，这里我们以中商情报网数据为例说明网络数据的抓取方法，数据内容及版权归中商情报网所有。

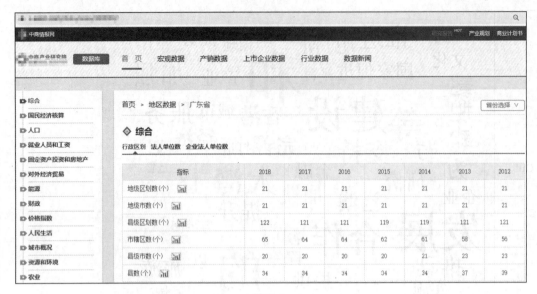

图 9-1

In	import pandas as pd Tab1=pd.read_clipboard(index_col=0);Tab1　　#复制行政区划数据

	2018	2017	2016	2015	2014	2013	2012
指标							
地级区划数（个）	21	21	21	21	21	21	21
地级市数（个）	21	21	21	21	21	21	21
县级区划数（个）	122	121	121	119	119	121	121
市辖区数（个）	65	64	64	62	61	58	56
县级市数（个）	20	20	20	20	21	23	23
县数（个）	34	34	34	34	34	37	39

2. 居民消费水平数据的获取

居民消费水平数据，如图 9-2 所示。

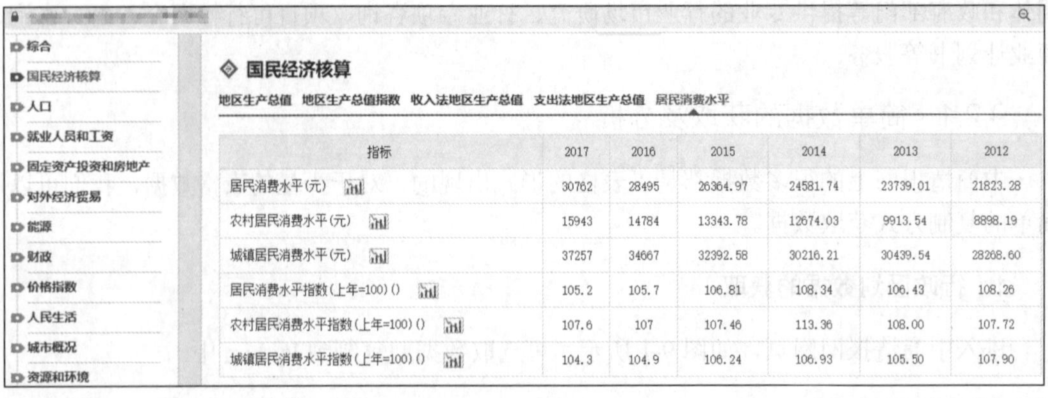

图 9-2

In	Tab2=pd.read_clipboard(index_col=0);Tab2　　#复制居民消费水平数据

Out		2017	2016	2015	2014	2013	2012
	指标						
	居民消费水平（元）	30762.0	28495.0	26364.97	24581.74	23739.01	21823.28
	农村居民消费水平（元）	15943.0	14784.0	13343.78	12674.03	9913.54	8898.19
	城镇居民消费水平（元）	37257.0	34667.0	32392.58	30216.21	30439.54	28268.60
	居民消费水平指数（上年=100）	105.2	105.7	106.81	108.34	106.43	108.26
	农村居民消费水平指数 （上年=100）	107.6	107.0	107.46	113.36	108.00	107.72
	城镇居民消费水平指数 （上年=100）	104.3	104.9	106.24	106.93	105.50	107.90

获取数据后就可以用前面学过的方法进行数据分析了，此处从略。

3. 股票数据的获取

很多网站都会以表格的形式展示数据，但如果表格中的数据较多或有多页数据时，显然使用复制的方法是不可行的。如对于图 9-3 的我国宏观经济的综合数据，可通过爬虫技术获取这些数据。

从图 9-3 可以看出，我们需要的数据都保存在表格中，所以这里可以使用 pandas 获取表格数据。在 pandas 库中有一个方法 read_html 可以用于直接读取网页中的图表，然后遍历出每一个表格。

打开中商情报网，其中有几个主表数据，如图 9-3 所示。

图 9-3

若表数据量不大，也可以用前文介绍的复制的方法抓取数据，但若表内容较多，这时使用复制的方法显然是不可行的，需通过编程的方法抓取数据。

（1）A 股收益数据的获取

In	`import requests`
	`url='https://s.askci.com/stock/a'  #A 股信息`
	`html = requests.get(url).content.decode('utf-8');`

In	`# 获取第 1 张表格的数据：A 股公司营业收入排行榜` `pd.read_html(html,header=0)[0]`

Out		排名	股票代码	企业简称	营业收入（亿元）
	0	1	600028	中国石化	29661.93
	1	2	601857	中国石油	25168.10
	2	3	601668	中国建筑	14198.36
	3	4	601318	中国平安	11688.67
	4	5	601398	工商银行	8551.64
	5	6	601390	中国中铁	8484.40
	6	7	601186	中国铁建	8304.52
	7	8	600104	上汽集团	8265.30
	8	9	601628	中国人寿	7451.65
	9	10	601939	建设银行	7056.29

In	`#获取第 2 张表格的数据：A 股公司净利润排行榜` `pd.read_html(html,header=0)[1]`

Out		排名	股票代码	企业简称	净利润（亿元）
	0	1	601398	工商银行	3122.24
	1	2	601939	建设银行	2667.33
	2	3	601288	农业银行	2120.98
	3	4	601988	中国银行	1874.05
	4	5	601318	中国平安	1494.07
	5	6	600036	招商银行	928.67
	6	7	601328	交通银行	772.81
	7	8	601166	兴业银行	658.68
	8	9	601658	邮储银行	609.33
	9	10	600000	浦发银行	589.11

In	`#获取第 3 张表格的数据：A 股公司利润总额排行榜` `pd.read_html(html,header=0)[2]`

		排名	股票代码	企业简称	利润总额（亿元）
	0	1	601398	工商银行	3917.89
	1	2	601939	建设银行	3265.97
	2	3	601288	农业银行	2665.76
	3	4	601988	中国银行	2506.45
Out	4	5	601318	中国平安	1847.39
	5	6	600036	招商银行	1171.32
	6	7	601857	中国石油	1032.13
	7	8	600028	中国石化	900.16
	8	9	601328	交通银行	882.00
	9	10	601668	中国建筑	814.67

（2）A 股股票信息的获取

A 股股票信息，如图 9-4 所示。

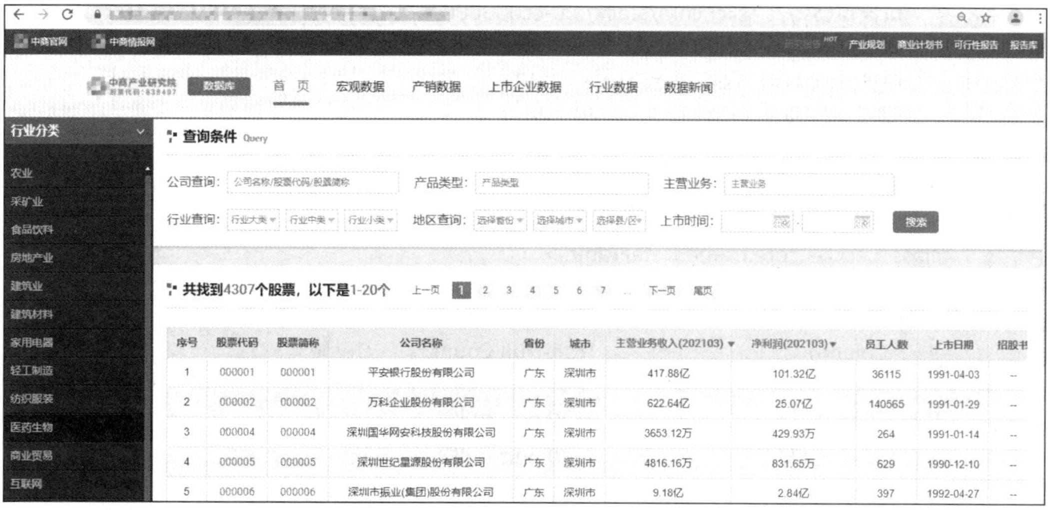

图 9-4

　　获取这种数据需要通过代码进行网页爬虫，由于股票数据涉及很多页，这时可通过循环遍历出每一个表，然后将获取的数据保存在电子表格中即可。

　　下面仅介绍获取广东省上市公司（共 599 家）的数据并进行简单分析，如图 9-5 所示。

图 9-5

由于每页只显示 20 只股票的数据，所以需通过编程来获取数据，首先构建一个获取当前页的函数，通过改变 pageNum 的数字来获取不同页。

In	#构建获取第 4 张表格的数据的函数，其中 i 表示第 i 页，即取 pageNum=i
	def get_stock(i):
	    url='https://s.askci.com/stock/a/0-cc0000000690?reportTime=
	    2021-03-31&pageNum='
	    html = requests.get(url+str(i)).content.decode('utf-8');
	    data=pd.read_html(html,header=0)[3]
	    return data

In	stock1=get_stock(1); #获取第 1 页数据 stock1.info() #第 1 页 A 股信息

Out	`<class 'pandas.core.frame.DataFrame'>`
	RangeIndex: 20 entries, 0 to 19
	Data columns (total 15 columns):
	
	  # Column Non-Null Count Dtype
	--- ------ -------------------- -------
	  0 序号 20 non-null int64
	  1 股票代码 20 non-null int64
	  2 股票简称 20 non-null int64
	  3 公司名称 20 non-null object
	  4 省份 20 non-null object
	  5 城市 20 non-null object
	  6 主营业务收入（202103） 20 non-null object
	  7 净利润（202103） 20 non-null object
	  8 员工人数 20 non-null int64
	  9 上市日期 20 non-null object
	 10 招股书 20 non-null object
	 11 公司财报 0 non-null float64
	 12 行业分类 20 non-null object
	 13 产品类型 20 non-null object
	 14 主营业务 20 non-null object

In	`stock = get_stock(1)     #获取第 1 页数据`
	`for i in range(2,31):     #获取 2 到 30 页数据，全部获取需长时间`
	`    stock = pd.concat([stock,get_stock(i)])   #拼接表格数据`
	`stock`
	`#stock.to_csv('A_stock.csv', index=False, encoding='utf-8')`

（3）股票数据的分析

下面我们对上面获取的股票数据应用前面学过的分析方法进行基本的统计分析。

In	`citys=stock.城市.value_counts();citys`
Out	深圳市　　285 广州市　　97 佛山市　　34 汕头市　　33 珠海市　　28 　　　　　... 湛江市　　2 阳江市　　2 云浮市　　1 茂名市　　1 清远市　　1 Name: 城市, Length: 20, dtype: int64
In	`citys[citys>10].plot(kind='barh');`
Out	
In	`date=stock.上市日期.str[:4].value_counts();date`

Out	2017　　98 2010　　69 2016　　49 2011　　46 2015　　38 　　　　.. 1995　　4 1999　　3 2005　　2 2013　　1 1990　　1 Name: 上市日期, Length: 30, dtype: int64
In	stock.行业分类.value_counts()[:20]
Out	--　　　　55 电子零部件　27 房地产开发　21 电子元件　　19 LED　　　　16 　　　　　　.. 生物医药　　8 印制电路板　8 火电　　　　7 小家电　　　7 显示器件　　7 Name: 行业分类, Length: 20, dtype: int64

9.2.2　网络数据的获取及分析

网络爬虫又称网页蜘蛛或网络机器人，它按照一定的规则，自动抓取网络中的信息。它是一个自动提取网页的程序，为搜索引擎从互联网上下载网页，是搜索引擎的重要组成部分。下面介绍如何运用 Python 的 requests 和 bs4 两个第三方包将资料从网页中取出，导入 Python 中进行后续的处理。

在大数据时代，有相当多的资料都是通过网络来取得的，由于资料量日益增加，对于资料分析者而言，如何使用程序将网页中大量的资料自动汇入是很重要的事情。通过 Python 的网络爬虫技术，可以将大量结构化的资料直接导入 Python 中做数据分析，这样可以节省手动整理资料的时间。

1．Python 爬虫步骤

（1）读取网页信息

下面以链家网深圳二手房数据为例，系统地讲解数据爬虫的每个步骤。在浏览器中，同时按 Ctrl+U 组合键就可调出所要分析的源代码，网络爬虫实际上是利用网页的规则从网页源代码中检索出所需要的信息，因此本质就是一个文本搜索过程。

深圳链家网址：https://sz.lianjia.com/ershoufang/pg

将 requests 和 bs4 中的函数整理成读取网页函数 read_html()，它可以将整个网页的原始 HTML 程序代码抓取下来。

In	import requests def read_html(url):　　　#定义读取网页函数 response =requests.get(url) response.encoding='utf-8' return(response.text)
In	url='https://sz.lianjia.com/ershoufang/pg'　#深圳链家 web=read_html(url) web[:1000]
Out	'<!DOCTYPE html><html><head><meta http-equiv="Content-Type" content="text/html; charset=utf-8"><meta http-equiv="X-UA-Compatible" content="IE=edge" /><meta http-equiv= "Cache-Control" content="no-transform" /><meta http-equiv="Cache-Control" content= "no-siteapp" /><meta http-equiv="Content-language" content="zh-CN" /><meta name= "format-detection" content="telephone=no" /><meta name="applicable-device" content= "pc"><meta name="location" content="province= 广 东 ;city= 深 圳 ;coord=22.556468, 114.051845" /><link rel="alternate" media="only screen and (max-width: 640px)" href="https://m.lianjia.com/sz/ershoufang/pg/" >\n<meta name="mobile-agent" content= "format=html5;url=https://m.lianjia.com/sz/ershoufang/pg/"><script>\nljConf = {\n　　　city_id: \'440300\',\n　　city_abbr: \'sz\',\n　　city_name: \'深圳\',\n　　channel: \'ershoufang\', \n　　page: \'ershoufang_search\',\n　　pageConfig: {"ajaxroot":"https:\\/\\/ajax.api. lianjia.com\\/","imAppid":"LIANJIA_WEB_20160624","imAppkey":"6dfdcee27d78b1107fceec a55d80b7bd"},\n　　feroo'

（2）提取网页信息

In	def html_text(info,word):　　　#关键词解析函数 　　　return([w.get_text() for w in info.select(word)]) 　　　return([w.get_text() for w in info.select(word)])
In	from bs4 import BeautifulSoup Page=BeautifulSoup(web,'lxml')　　　　#获取当前页信息 House=html_text(Page,'.houseInfo'); House　#房屋信息
Out]	['5 室 1 厅	166.01 平米	东南 南	精装	高楼层(共 33 层)	2014 年建	板塔结合', '4 室 2 厅	169.56 平米	北	简装	17 层	2002 年建	板塔结合', '8 室 2 厅	287.05 平米	东南 南	简装	1 层	2006 年建	暂无数据', '3 室 2 厅	90.64 平米	南	简装	低楼层(共 32 层)	2017 年建	板塔结合', '3 室 2 厅	58.32 平米	东北	精装	中楼层(共 21 层)	2017 年建	塔楼', '3 室 1 厅	181.64 平米	东北	简装	中楼层(共 21 层)	2015 年建	板塔结合',

Out]	'3 室 1 厅 ｜181.75 平米 ｜ 东北 ｜ 简装 ｜ 中楼层(共 21 层) ｜2015 年建 ｜ 板塔结合', '3 室 1 厅 ｜181.75 平米 ｜ 东北 ｜ 简装 ｜ 中楼层(共 21 层) ｜2015 年建 ｜ 板塔结合', '4 室 2 厅 ｜160.52 平米 ｜ 南 西南 ｜ 精装 ｜ 中楼层(共 32 层) ｜2006 年建 ｜ 塔楼', '4 室 1 厅 ｜181.64 平米 ｜ 东北 ｜ 简装 ｜ 中楼层(共 21 层) ｜2015 年建 ｜ 板塔结合', '3 室 2 厅 ｜117.53 平米 ｜ 西南 ｜ 精装 ｜ 低楼层(共 36 层) ｜2017 年建 ｜ 板塔结合', '3 室 1 厅 ｜90.95 平米 ｜ 东南 ｜ 精装 ｜ 高楼层(共 17 层) ｜2006 年建 ｜ 板塔结合', '2 室 2 厅 ｜81.41 平米 ｜ 东北 ｜ 简装 ｜ 高楼层(共 25 层) ｜2001 年建 ｜ 塔楼', '3 室 2 厅 ｜106.44 平米 ｜ 北 ｜ 简装 ｜ 低楼层(共 18 层) ｜2002 年建 ｜ 板塔结合', '4 室 2 厅 ｜113.25 平米 ｜ 南 ｜ 精装 ｜ 低楼层(共 7 层) ｜ 板楼', '4 室 2 厅 ｜89.02 平米 ｜ 南 ｜ 精装 ｜ 中楼层(共 34 层) ｜2014 年建 ｜ 板塔结合', '3 室 2 厅 ｜88.25 平米 ｜ 南 ｜ 简装 ｜8 层 ｜1999 年建 ｜ 板楼', '1 室 1 厅 ｜43.35 平米 ｜ 南 ｜ 精装 ｜ 高楼层(共 30 层) ｜2014 年建 ｜ 板塔结合', '3 室 1 厅 ｜68 平米 ｜ 南 北 ｜ 精装 ｜ 低楼层(共 8 层) ｜1993 年建 ｜ 板塔结合', '2 室 1 厅 ｜82.64 平米 ｜ 南 ｜ 简装 ｜ 中楼层(共 18 层) ｜2004 年建 ｜ 板塔结合', '3 室 2 厅 ｜82.94 平米 ｜ 西南 ｜ 毛坯 ｜ 高楼层(共 32 层) ｜2017 年建 ｜ 塔楼', '3 室 2 厅 ｜50.43 平米 ｜ 西南 ｜ 精装 ｜ 中楼层(共 25 层) ｜2012 年建 ｜ 板塔结合', '3 室 1 厅 ｜86.75 平米 ｜ 西北 ｜ 简装 ｜ 低楼层(共 49 层) ｜2015 年建 ｜ 塔楼', '3 室 2 厅 ｜88.13 平米 ｜ 南 ｜ 精装 ｜ 高楼层(共 33 层) ｜2016 年建 ｜ 板塔结合', '2 室 1 厅 ｜55.58 平米 ｜ 东南 ｜ 精装 ｜27 层 ｜2016 年建 ｜ 塔楼', '3 室 2 厅 ｜114.09 平米 ｜ 西北 ｜ 精装 ｜ 低楼层(共 10 层) ｜2001 年建 ｜ 板塔结合', '3 室 2 厅 ｜104.12 平米 ｜ 东南 ｜ 精装 ｜ 中楼层(共 30 层) ｜1995 年建 ｜ 塔楼', '3 室 2 厅 ｜109.73 平米 ｜ 南 北 ｜ 简装 ｜ 高楼层(共 6 层) ｜2003 年建 ｜ 板楼', '5 室 2 厅 ｜107.5 平米 ｜ 西南 ｜ 简装 ｜30 层 ｜2008 年建 ｜ 板楼', '2 室 1 厅 ｜53.25 平米 ｜ 南 北 ｜ 精装 ｜ 低楼层(共 46 层) ｜2015 年建 ｜ 塔楼']
In	Price=html_text(Page,'.totalPrice span'); print(Price) #房价信息
Out	['721', '1611', '2440', '390', '210', '817.38', '817.88', '817.88', '1582', '817.38', '1129', '558', '701', '597', '805', '374', '260', '325', '454', '397', '341', '188', '543', '342', '450', '946', '383', '298', '894', '473']

In	```python
	import pandas as pd
	def lianjia_page(page): #单个网页信息整理
	    lianjia=pd.DataFrame()
	    lianjia['房屋信息']=html_text(page,'.houseInfo') #.clear .title a
	    lianjia['房屋价格']=html_text(page,'.totalPrice span')
	    lianjia['房屋位置']=html_text(page,'.positionInfo') #'.positionInfo a'
	    lianjia['房屋单价']=html_text(page,'.unitPrice span')
	    return(lianjia)```

In	lianjia_page(Page)

	房屋信息	房屋价格	房屋位置	房屋单价
0	5室1厅 | 166.01平米 | 东南 南 | 精装 | 高楼层(共33层) |2014...	721	文峰华庭 - 布吉南岭	43,400元/平
1	4室2厅 | 169.56平米 | 北 | 简装 | 17层 | 2002年建 | 板塔结合	1611	海印长城 - 南山中心	95,000元/平
2	8室2厅 | 287.05平米 | 东南 南 | 简装 | 1层 | 2006年建 | 暂无数据	2440	招商华侨城曦城一期 - 曦城	85,000元/平
3	3室2厅 | 90.64平米 | 南 | 简装 | 低楼层(共32层) | 2017年建...	390	松河瑞园二期 - 松岗	43,028元/平
4	3室2厅 | 58.32平米 | 东北 | 精装 | 中楼层(共21层) | 2017年建...	210	荣德国际ECC - 横岗	36,009元/平
5	3室1厅 | 181.64平米 | 东北 | 简装 | 中楼层(共21层) | 2015年建...	817.38	泛海城市广场 - 前海	45,000元/平
6	3室1厅 | 181.75平米 | 东北 | 简装 | 中楼层(共21层) | 2015年建...	817.88	泛海城市广场 - 前海	45,001元/平
7	3室1厅 | 181.75平米 | 东北 | 简装 | 中楼层(共21层) | 2015年建...	817.88	泛海城市广场 - 前海	45,001元/平
8	4室2厅 | 160.52平米 | 南 西南 | 精装 | 中楼层(共32层) | 2006...	1582	金泓凯旋城一期 - 宝安中心	98,500元/平
9	4室1厅 | 181.64平米 | 东北 | 简装 | 中楼层(共21层) | 2015年建...	817.38	泛海城市广场 - 前海	45,000元/平

Out（表）......

（3）批量爬取数据

前面的操作是针对某个网页的数据进行爬取。以广州链家网的二手数据为例，一共有 100 个网页的数据，如何将广州链家所有二手房的信息提取出来呢？只需总结这些网页的规律，使用循环函数重复上面的操作即可。

例如，从网址信息可以发现，第 1 页到第 2 页，第 2 页到第 3 页，变化的仅是末尾的序号。因此，在循环中可以将最后一位的数字以循环变量 i 替换。有时网页的序号出现在网址中间，有时出现在末尾。基本上所有的网络爬虫操作都需要总结网页的规律。

https://gz.lianjia.com/ershoufang/pg1

https://gz.lianjia.com/ershoufang/pg2

https://gz.lianjia.com/ershoufang/pg3

......

https://gz.lianjia.com/ershoufang/pgi

下面，爬取广州链家网所有二手房房价的数据，并提出一个统计分析思路：广州的二手房房价分布是否服从正态分布？要回答这个问题，可以爬取网站上所公布的全部二手房的房价数据并进行分析。因为所面对的数据不是事先准备好的数据集，而是直接从网络上爬取的第一手数据，因此对数据进行整理和清洗之后才可以进行数据分析。下面会介绍如何对该数据中出现的噪音进行清理，给读者提供一定的参考和借鉴。

可以将链家网所有有分析价值的信息（二手房的名称，二手房的描述，二手房的位置，二手房的整体房价和二手房的单位房价）全部爬取出来，自定义如下函数，然后写成 csv 或 xlsx 格式的文件，便于进一步分析。

针对单独的网页，可以通过数据框来存放网页的信息。

In
```
def lianjia_all(url,k):     #爬取前 k 页信息
    houses=pd.DataFrame()
    for i in range(k):
        webi=read_html(url+str(i))
        pagei=BeautifulSoup(webi,'lxml')
        pages=lianjia_page(pagei)
        houses=pd.concat([houses,pages])
    return(houses)
```

In	LJdata=lianjia_all(url,10)　　#爬取前 10 页数据 LJdata
Out	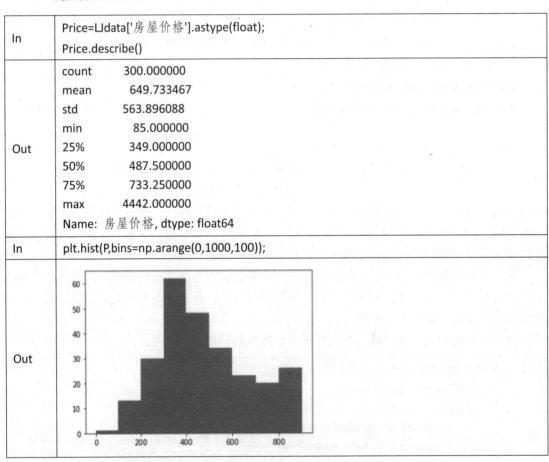

2. 爬虫数据的分析

In	Price=LJdata['房屋价格'].astype(float); Price.describe()
Out	count　　　300.000000 mean　　　649.733467 std　　　563.896088 min　　　　85.000000 25%　　　349.000000 50%　　　487.500000 75%　　　733.250000 max　　　4442.000000 Name: 房屋价格, dtype: float64
In	plt.hist(P,bins=np.arange(0,1000,100));
Out	

至于其他房屋数据的分析，请读者根据本书学的知识自行分析。

练习题 9

一、选择题

1. 文本数据挖掘是基于_____的挖掘。

    A. 音频　　　　　　B. 图像　　　　　　C. 文本　　　　　　D. 视频

2. 粤港澳大湾区包括香港、澳门以及广东省的_____个地区。

    A. 23　　　　　　　B. 21　　　　　　　C. 11　　　　　　　D. 9

3. 本章运用了哪些用于展示文本数据挖掘结果的工具_____。

    A. 频数表　　　　　B. 条图　　　　　　C. 词云图　　　　　D. 知识图谱

4. 在《粤港澳大湾区发展规划纲要》词频分析中出现次数最多的 3 个关键词是_____。

    A. 粤港澳　　　　　B. 发展　　　　　　C. 建设　　　　　　D. 合作

二、计算题

1. 以广州链家网的二手房房价数据为例，爬取广州链家网所有二手房房价的数据，并思考：广州的二手房房价数据的分布是否服从正态分布？要回答这个问题，可以爬取网站上所公布的全部二手房的房价数据并进行分析。因为所面对的数据不是事先准备好的数据集，而是直接从网络上爬取的第一手数据，所以对数据进行整理和清洗之后才可以进行数据分析。可以将广州链家网所有有分析价值的数据（二手房的名称、二手房的描述、二手房的位置、二手房的整体房价和二手房的单位房价）全部爬取出来，自定义计算和分析函数，然后写成.csv 或.xlsx 格式的文件，便于进一步分析。可参照参考文献[6]。

2. 爬取链家二手房网站上广州和深圳两个城市的房价数据，并进行分析，看看哪个地区的房价更高。

附录 A   Excel 数据分析及工具

A1   Excel 中的分析函数

Excel 2016 提供了很多函数供用户使用，包括常用函数、财务、日期与时间、数学与三角函数、统计、查找与引用、数据库、文本、逻辑、信息、工程等类别的函数，如图 A-1 所示。利用这些函数用户可以进行较复杂的数据统计分析，也可完成一些复杂的计算。

图 A-1

A1.1   函数结构及使用

在 Excel 中，函数一般由 3 个部分组成，分别是函数名、括号和参数，结构如下：

函数名(参数 1,参数 2,参数 3,…)

（1）函数名：用于明确函数的功能，形式上一般采用英文大写字母，但用户在使用过程中也可以输入英文小写的函数名，Excel 会自动将其转换成英文大写字母的状态。

（2）括号：直接跟在函数名后面，是函数必不可少的元素之一；括号里面是参数，参数之间用英文逗号隔开。这里需要注意的是，函数里面可以再嵌套函数，有多少个函数就有多少对括号。

（3）参数：用来指定函数的运算对象、顺序或结构等，不同函数的参数往往不相同。一般情况下，每个函数都有一个或几个参数，也有一些函数是不需要参数的，比如日期函数 TODAY()、随机函数 RAND()、时间函数 NOW() 等，这些不需要参数的函数称为"无参函数"。需要注意的是，无参函数后面的括号也是必不可少的。

在 Excel 中，函数的参数类型往往包括以下几种。

（1）常量：直接输入单元格或者函数的数据或文本。

（2）逻辑值：一种特殊的参数，只有两种值，即 TRUE（真）和 FALSE（假）。

（3）数组：包括常量数组和单元格区域数组两类。如 A1:A5 就是一个单元格区域数组。

（4）单元格引用：函数中最常使用的引用方式之一。

（5）名称：为了更加直观地标识单元格或单元格区域，也可以为其赋予一个名称，从而可以在函数中直接以名称的形式来使用单元格或单元格区域。

由于 Excel 自带大量的函数，并且不同函数的参数也不相同，为了准确地使用函数进行数据计算，可以利用"插入函数"功能，具体操作如下。

（1）选中一个单元格，比如 I15，切换到"函数"选项卡，在"函数库"组中单击"插入函数"按钮，将弹出图 A-2 所示的对话框。

图 A-2

（2）在"插入函数"对话框中，选择类别为"统计"，在"选择函数"中选择"AVERAGE"（算术平均数函数）。

A1.2 函数的输入及引用

Excel 函数是以"="开始输入的。简单的函数涉及加、减、乘、除等运算，较复杂的函数可能会嵌套函数。所谓函数，是指预先编写好的函数，可以对一个或多个值进行运算，并返回一个或多个值。利用函数可以简化和缩短工作表中的计算步骤，尤其在用函数实现很长或复杂的运算时，利用函数将十分有用。

1. 按照引用的绝对与相对划分

（1）相对引用。直接用列标和行号来表示单元格，是默认的单元格引用方式。例如，在

A3 单元格中输入"=A1+A2"，这就是相对引用。当使用相对地址时，单元格中的函数的引用地址会随着目标单元格的变化而发生变化，但其引用单元格地址之间的相对地址不变。

（2）绝对引用。在函数中引用的单元格的地址与单元格的位置无关，其不随单元格位置的变化而变化，即无论将这个函数粘贴到哪个单元格，函数所引用的仍然是原来单元格的数据。在引用单元格的行和列前面都加上$即可实现绝对引用，例如，"=$A$1+$A$2"。

（3）混合引用。它是指行号固定而列标可以变化，或者列标固定而行号可以变化。其表示形式为在固定的部分前面加上$。也就是说，如果$加在列标前，那么被引用的单元格列的位置是绝对的，但行的位置是相对的；反之，如果在行号前面加上$，而列标前面不加，则列的位置是相对的，行的位置是绝对的。

3 种引用的切换。利用 F4 键可以实现相对引用、绝对引用和混合引用之间的快速切换。方法：选中要改变引用方式的单元格，重复地按 F4 键，能够按照"相对引用-绝对引用-列相对行绝对引用-列绝对行相对引用-相对引用-……"的顺序循环实现下去。

2．跨表格单元格引用的情形

（1）引用同一工作簿的其他工作表中的单元格或单元格区域。

在 Excel 函数中，可以对当前工作簿内其他工作表中的单元格或单元格区域进行引用，其格式为：工作表标签名!单元格地址。

例如，输入"=合并计算!B2"，表示引用"合并计算"工作表中的 B2 单元格的数据。

（2）引用同一个工作簿多张工作表的相同单元格或单元格区域。

在 Excel 函数中，可以直接引用同一个工作簿中的多张工作表的相同单元格或单元格区域，其格式为：第一个工作表标签名:最后一个工作表标签名!单元格地址。

例如，要想引用同一个工作簿中"2015 年"到"2019 年"工作表里所有 B5 单元格的数据的和，可以输入函数"=SUM(2015 年:2019 年!B5)"，通过该函数，3 个工作表中 B5 单元格的内容全部被引用。

（3）不同工作簿之间的数据引用。

在 Excel 函数中，可以直接引用其他工作簿中某个工作表的单元格或单元格区域，其格式为：[工作簿名称]工作表标签名!单元格地址。

例如，在 Book1 工作簿的 Sheet1 工作表 A2 单元格中输入函数："=[Book2]Sheet2!A1*100"，表示将另一个工作簿 Book2 的工作表 Sheet2 中的 A1 单元格的数据与 100 相乘。

A2　Excel 中的数据分析工具

A2.1　Excel 数据分析工具加载

Excel 中的数据分析工具在菜单和选项卡中并不是默认存在的，需用户加载，下面介绍在 Excel 2016 中加载数据分析工具的步骤。

（1）单击"文件"菜单并在弹出的下拉菜单中选择"选项"按钮，进入"Excel 选项"对话框，如图 A-3 所示。

图 A-3

（2）单击"加载项"并选择"分析工具库"，然后单击"转到"按钮进入"加载宏"对话框，如图 A-4 所示。

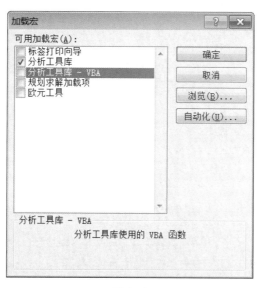

图 A-4

（3）勾选"分析工具库"复选框，单击"确定"按钮，这样在"数据"选项卡中会出现"数据分析"按钮。

A2.2 数据分析工具的使用

单击图 A-5 所示的"数据"选项卡中的"分析"组中的"数据分析"按钮，就可打开"数据分析"对话框，选择使用相应的数据分析工具即可进行数据统计分析，如图 A-6 所示。

图 A-5

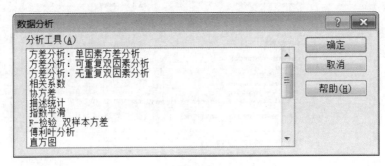

图 A-6

附录 B Python 基本运算函数

B1 Python 编程运算基础

B1.1 运算符及控制语句

（1）运算符

与 Basic 语言、VB 语言、C 语言、C++语言等一样，Python 可用于编程，但 Python 是新时期的编程语言，具有面向对象的功能，同时 Python 还是面向函数的语言。既然 Python 是一种编程，它就具有常规的算术运算符和逻辑运算符，以及控制语句、自定义函数等。下面我们对 Python 的运算符和控制语句进行一些简单介绍。

Python 中常用的算术运算符和逻辑运算符如表 B-1 和表 B-2 所示。

表 B-1   Python 中常用的算术运算符

算术运算符	含　义
+	加
−	减
*	乘
/	除
**	幂
%	取模
//	整除

表 B-2   Python 中常用的逻辑运算符

逻辑运算符	含　义
<（<=）	小于（小于等于）
>（>=）	大于（大于等于）
==	等于
!=	不等于
not x	非 x
|	或
&	与

部分算术运算符的使用方法如下所示。

In	import numpy as np a=np.array([1,2,3,4,5]) b=np.array([0,1,2,3,4])
In	a+b #加 a-b #减 a*b #乘 a/b #除
Out	array([1, 3, 5, 7, 9]) array([1, 1, 1, 1, 1]) array([0, 2, 6, 12, 20]) array([inf, 2. , 1.5 , 1.3333, 1.25])

NumPy 的其他运算见 NumPy 官方网站。

（2）控制语句

编程离不开对程序的控制，下面介绍几个常用的控制语句，其他控制语句见 Python 手册。

① 条件语句。

if-else 语句是条件语句中的主要语句，其格式如下所示。

In	a=6; b=5
	if a > b:
	    print(a)
	else:
	    print(b)

Out	6

Python 中有更简洁的形式来表达 if-else 语句。

In	a if a>b else b
Out	6

注意：循环和条件等语句中要输出结果，请用 print 函数，这时只用变量名是无法显示结果的。

② 循环语句。

Python 中的 for 循环可以遍历任何序列，如一个列表或一个字符串。for 循环允许循环使用向量或数列的每个值，这在编程里非常有用。

for 循环的语法格式如下：

```
for iterating_var in sequence:
    statements(s)
```

Python 的 for 循环的功能相比其他语言的更强大，如下所示。

In	for i in [1,2,3,4]: print(i)
Out	1 2 3 4

下面列表的循环格式可生成新的列表，非常有用。

In	[i for i in [1,2,3,4]]　　　　　#形成列表
Out	[1, 2, 3, 4]

B1.2　数据框的取值

In	GD=pd.read_excel()

序号	年份	地区	GDP	人均 GDP	从业人员	进出口额	消费总额	RD 经费
1	2000	广州	2505.58	2.58	503.69	233.51	1121.13	32.72
2	2000	深圳	2187.45	3.28	308.50	639.40	735.02	48.12
3	2000	佛山	1050.38	2.02	193.50	103.27	337.55	8.36
4	2000	东莞	820.30	1.36	97.88	320.45	235.16	1.52
5	2000	惠州	439.20	1.39	186.70	82.11	126.48	1.31
...	...	...	...	...	...	...	...	...
416	2019	梅州	1187.06	2.71	169.02	17.54	689.33	2.38
417	2019	潮州	1080.94	4.07	109.26	31.30	490.84	6.04
418	2019	河源	1080.03	3.48	142.02	43.78	386.83	3.67
419	2019	汕尾	1080.30	3.60	124.67	24.34	442.26	4.65
420	2019	云浮	921.96	3.64	124.29	15.93	360.69	2.19

（1）索引法

由于数据框是二维数组（矩阵）的扩展，所以也可以用二级数组的索引来显示数据。

In	GD[:1]　　# 取第 1 行

序号	年份	地区	GDP	人均 GDP	从业人员	进出口额	消费总额	RD 经费
1	2000	广州	2505.58	2.58	503.69	233.51	1121.13	32.72

In	GD[:5]　　# 取前 5 行=GD.head(5)

	年份	地区	GDP	人均 GDP	从业人员	进出口额	消费总额	RD 经费
序号								
1	2000	广州	2505.58	2.58	503.69	233.51	1121.13	32.72
2	2000	深圳	2187.45	3.28	308.50	639.40	735.02	48.12
3	2000	佛山	1050.38	2.02	193.50	103.27	337.55	8.36
4	2000	东莞	820.30	1.36	97.88	320.45	235.16	1.52
5	2000	惠州	439.20	1.39	186.70	82.11	126.48	1.31

In `GD[3:6]` # 取 4~6 行

	年份	地区	GDP	人均 GDP	从业人员	进出口额	消费总额	RD 经费
序号								
4	2000	东莞	820.30	1.36	97.88	320.45	235.16	1.52
5	2000	惠州	439.20	1.39	186.70	82.11	126.48	1.31
6	2000	中山	345.44	1.51	122.45	60.89	141.81	1.80

In `GD.iloc[:3,:5]` # 取前 3 行和前 5 列

	年份	地区	GDP	人均 GDP	从业人员
序号					
1	2000	广州	2505.58	2.58	503.69
2	2000	深圳	2187.45	3.28	308.50
3	2000	佛山	1050.38	2.02	193.50

In `GD.iloc[2:5,3:8]` # 取前 3~5 行和 4~8 列

	人均 GDP	从业人员	进出口额	消费总额	RD 经费
序号					
3	2.02	193.50	103.27	337.55	8.36
4	1.36	97.88	320.45	235.16	1.52
5	1.39	186.70	82.11	126.48	1.31

（2）数据框转置

In `GD.iloc[2:5,3:9].T`

序号	3	4	5
人均 GDP	2.02	1.36	1.39
从业人员	193.50	97.88	186.70
进出口额	103.27	320.45	82.11
消费总额	337.55	235.16	126.48
RD 经费	8.36	1.52	1.31

B2 Python 函数的使用

不同于 SAS、SPSS 等基于过程的统计软件，Python 进行数据分析是基于函数和对象的，和 Excel 一样，Python 的运算命令通常都是以函数形式出现的。

B2.1 内置函数

Python 中有大量的内置函数，通常不需要加载包就可以使用。

所谓内置函数是指提前导入解释器的系统函数，比如 print、len 等，这些函数大多都是基于列表或元组数据的，下面介绍几个内置函数。

① dir：如果没有实参，则返回当前本地作用域中的名称列表。如果有实参，它会尝试返回对象的有效属性列表。

In	dir()
Out	['In', 'Out', '_', '_1', '__', '___', '__builtin__', '__builtins__', '__doc__', '__loader__', '__name__', '__package__', '__spec__', '_dh', '_i', '_i1', '_i2', '_ih', '_ii', '_iii', '_oh', 'exit', 'get_ipython', 'quit']

② round(number[, ndigits])：返回 number 舍入到小数点后 ndigits 位精度的值。

如果 ndigits 被省略或为 None，则返回最接近输入值的整数。

In	round(3.1415926,2)
Out	3.14

③ len 函数用于返回对象（字符、列表、元组等）的长度或项目的个数。

In	x=[1,3,5,7,9] len(x)
Out	5

B2.2 库函数

库函数有 math 库的相关函数、NumPy 库的相关函数等。要学好数据分析，就必须掌握 Python 中的函数（如常用的开方函数、对数函数、指数函数、三角函数等）及其编程方法。

Python 中常用的数学函数如表 B-3 和表 B-4 所示。

表 B-3　　　　　　　　　　　　Python 中常用的数学函数

math 库的数学函数	含义（针对数值 x）
abs(x)	数值的绝对值
sqrt(x)	数值的平方根
log(x)	数值的对数

续表

math 库的数学函数	含义（针对数值 x）
exp(x)	数值的指数
round(x,n)	有效位数 *n*
sin(x), cos(x), …	三角函数
**	数值的幂

表 B-4 Python 中常用的数组函数

NumPy 库的数组函数	含义（针对数组 X）
abs(X)	数组的绝对值
sqrt(X)	数组的平方根
log(X)	数组的对数
exp(X)	数组的指数
round(X,n)	数组的有效位数 *n*
sort(X)	数组中元素排序
rank(X)	数组中元素秩次

使用 math 库和 NumPy 库等中的函数时需要提前导入库，例如使用 math 库的相关函数，需在文件中导入 math 库。

In	import math x=8.56; [math.sqrt(x),math.log(x),math.exp(x)]
Out	[2.925747767665559,2.1471001901536506,5218.681172451978]

数值分析库 NumPy 包含很多常用的运算函数，其功能可媲美 MATLAB 的数值运算。

（1）一维数组运算

In	import numpy as np #加载库
	a=np.array([1,2,3,4,5]); a #一维数组
	np.sqrt(a) #向量求开方

Out	array([1. , 1.41421356, 1.73205081, 2. , 2.23606798])
In	np.log(a) #向量取对数
Out	array([0. , 0.69314718, 1.09861229, 1.38629436, 1.60943791])
In	np.sum(a) #向量求和
Out	15

（2）二维数组运算

二维数组即我们常说的矩阵，但数组可以推广到多维的情形。

In	A=np.array([[1,2,3],[4,5,6],[7,8,9]]); A #定义二维数组

Out	array([[1, 2, 3], [4, 5, 6], [7, 8, 9]])	
In	A.shape	#数组的维度
Out	(3,3)	
In	np.diag(A)	#对角阵
Out	array([1, 5, 9)	
In	np.zeros((3,3))	#零矩阵
Out	array([[0., 0., 0.], [0., 0., 0.], [0., 0., 0.]])	
In	np.ones((3,3))	#元素全为 1 的矩阵
Out	array([[1., 1., 1.], [1., 1., 1.], [1., 1., 1.]])	
In	np.eye(3)	#单位阵
Out	array([[1., 0., 0.], [0., 1., 0.], [0., 0., 1.]])	

C1 安装 Anaconda

C1.1 安装 Anaconda 个人版

请在 Anaconda 官方网站上下载 Windows 个人版 Anaconda 的 Python3.8 及以上版本。

C1.2 运行 Anaconda 个人版

装好 Anaconda 系统后，在 Windows 系统菜单中将出现下面的菜单，菜单中包含了一些常用的数据分析平台，如用于系统导航的 Anaconda Navigator、执行和安装 Anaconda 包的命令行菜单 Anaconda Prompt、进行数据分析教学的 Jupyter Notebook、用于数据分析编程的 Spyder 设置与研发平台等。Windows 开始菜单如图 C-1 所示。

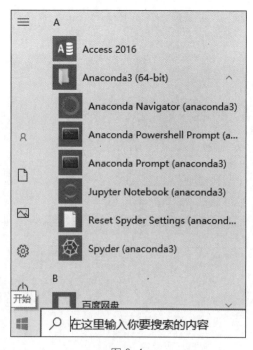

图 C-1

C2 Jupyter 的启动

Jupyter Notebook（此前称为 IPython notebook）是一个交互式编程笔记本，支持运行 40 多种编程语言。Jupyter Notebook 的本质是一个 Web 应用程序，便于创建和共享流程化程序文档，支持实时代码、数学方程、可视化和 markdown，用途包括数据清理和转换、数值模拟、统计建模、数据可视化机器学习等。其特点是用户可以通过电子邮件、Dropbox、GitHub 和 Jupyter Notebook Viewer，将 Jupyter Notebook 分享给其他人。在 Jupyter Notebook 中，代码可以实时生成图像、视频、LaTeX 和 JavaScript。

建议使用 Anaconda 发行版安装 Jupyter，Anaconda 发行版下载的 Jupyter 包括 Jupyter Notebook、Jupyter Lab、Spyder 以及用于科学计算和数据科学的其他常用软件包。

Jupyter 的主要优点如下：

（1）所见即所得

① 适合进行数据分析。想象如下混乱的场景：你在终端运行程序，可视化结果却显示在另一个窗口中，而包含函数和类的脚本又存放在其他文档中，甚至你还需要另写一份说明文档来解释程序如何执行以及结果如何。此时 Jupyter Notebook "从天而降"，将所有内容收归一处，你是不是马上觉得思路更加清晰了呢？

② 支持多语言。Jupyter 支持 40 多种编程语言。如果你习惯使用 R 语言来做数据分析，或者想用学术界常用的 MATLAB 和 Mathematica，那么只要安装相对应的核（kernel）即可。

③ 分享便捷。支持以网页的形式分享，GitHub 支持 Notebook 展示，也可以通过 nbviewer 分享文档，当然也支持导出成 HTML、Markdown、PDF 等多种格式的文档。

④ 远程运行。在任何地点都可以通过网络连接远程服务器来实现运算。

⑤ 交互式展现。不仅可以输出图片、视频、数学公式，还可以呈现一些互动的可视化内容，如可以缩放的地图或可以旋转的三维模型。

（2）数学公式编辑

如果你曾做过严肃的学术研究，那么一定对 LaTeX 不陌生，这简直是写科研论文的必备工具，不但能实现严格的文档排版，而且能编辑复杂的数学公式。在 Jupyter Notebook 的 Markdown 单元中，也可以使用 LaTeX 的语法来插入数学公式。

在文本行插入数学公式，使用一对 $ 符号，如质能方程$E = mc^2$。如果要插入一个数学区块，则使用两对$符号。如下面的公式表示 $z=x/y$：

$$ z = frac{x}{y} $$

C2.1 菜单模式

单击 Anaconda 菜单 Jupyter Notebook（Anaconda3）进入 Jupyter Notebook。

单击 New 按钮可建立新的 Python3 文档，单击 Upload 按钮加载现有的文档，如图 C-2 所示。

注意：Jupyter 环境的编程文件为 ipynb 格式。

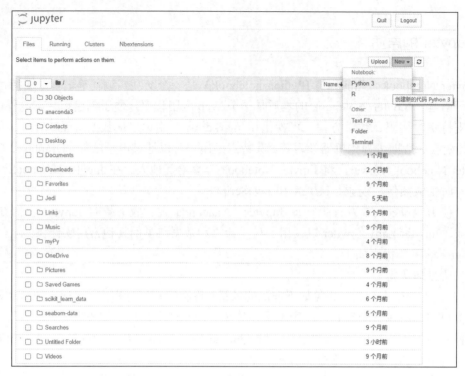

图 C-2

C2.2　命令行模式

直接使用菜单模式进入的缺点就是无法指定目录，最好的方法就是先在 D 盘建立自己的目录 DAV（将自己的数据和代码放在此目录下），如图 C-3、图 C-4 所示。然后在命令行（Anaconda Prompt）模式下打开 Jupyter Notebook，如图 C-5 所示。

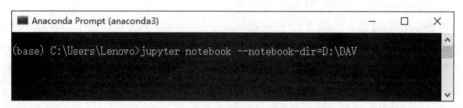

图 C-3

```
> jupyter notebook --notebook-dir=D:\DAV
```

图 C-4

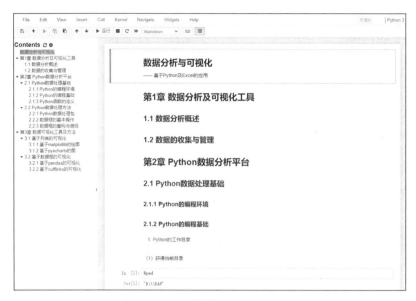

图 C-5

该方式同样适用于 Jupyter Lab（Jupyter Notebook 的第二代产品，但 Jupyter Lab 不在菜单里，需在命令行启动），Jupyter Lab 比 Jupyter Notebook 有更好的操作界面。

在命令行（Anaconda Prompt）模式下打开 Jupyter Lab，如图 C-6、图 C-7 所示。

```
> jupyter lab --notebook-dir=D:\DAV
```

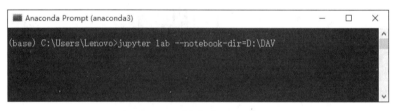

图 C-6

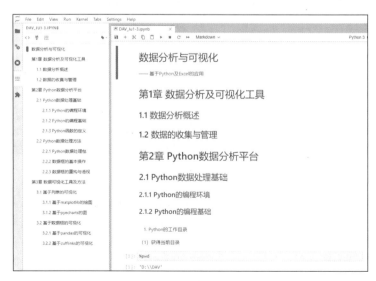

图 C-7

C3　Spyder 的启动

关于 Spyder 的详细介绍，参见 Spyder 网站。上面图就是调整后的 Spyder 界面，实际与 MATLAB 和 RStudio 的编辑器差别不大，但更友好，熟悉 MATLAB 和 RStudio 的用户较易上手。

C3.1　Spyder 编程界面

如果要在 Anaconda 中使用 Python 作为数据分析与开发平台，则推荐使用 Spyder。与其他 Python 开发环境相比，它最大的优点是模仿 MATLAB 和 RStudio 的"工作空间"功能，可以方便地编辑代码和修改数组的值。如果要进行大量的编程、数据处理和分析工作，可使用 Spyder 编辑器实现类似 MATLAB、RStudio 的开发环境。下图所示是类似 RStudio 的 Spyder 开发环境。

单击 Anaconda 菜单 Spyder（Anaconda3）进入 Spyder 编程环境，如图 C-8 所示。

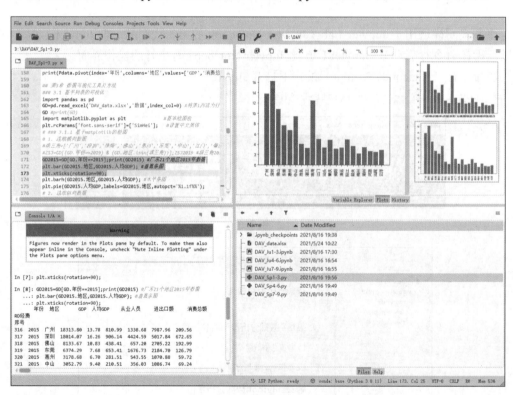

图 C-8

注意：Spyder 环境的编程文件为 py 格式（Python 的基本格式）。

C3.2　Spyder 设置

（1）Spyder 的编辑

Spyder 的界面由许多窗格构成，用户可以根据自己的喜好调整它们的位置和大小。当多个窗格出现在同一个区域时，将以标签页的形式显示。例如有 Editor、Object inspector、Variable explorer、File explorer、Console、History log 以及显示图像的窗格，在 View 菜单中可以设置是否显示这些窗格。

（2）功能与技巧

Spyder 的功能比较多，这里仅介绍一些常用的功能和技巧。

默认配置下，Variable explorer 窗格中不显示以大写字母开头的变量，可以单击工具栏中的配置按钮（最后一个按钮），在菜单中取消 Exclude capitalized references 的选中状态。

在控制台中，可以按 Tab 键进行自动补全。在变量名之后输入"?"，可以在 Object inspector 窗格查看对象的说明文档。此窗格的 Options 菜单中的 Show source 选项可以开启显示函数的源程序。

可以通过 Working directory 工具栏修改工作路径，用户程序运行时，将以此工作路径为当前路径。例如，只需要修改工作路径，就可以用同一个程序处理不同文件夹下的数据文件。

在程序编辑窗口中按住 Ctrl 键的同时单击变量名、函数名、类名或模块名，可以快速跳转到定义位置。如果变量名、函数名、类名或模块名是在别的程序文件中被定义的，则将打开此文件。在学习一个新模块的用法时，经常需要查看模块中的某个函数或类是如何实现的，使用此功能可以快速查看和分析各个模块的源程序。

（3）Spyder 的配置

基本的配置都在 Tool→Perference 中，如图 C-9 所示。

图 C-9

[1] 王斌会. 数据分析及 Excel 应用[M]. 广州：暨南大学出版社，2021.

[2] 王斌会. 数据统计分析及 R 语言编程[M]. 2 版. 北京：北京大学出版社，2017.

[3] 王斌会. 多元统计分析及 R 语言建模[M]. 5 版. 北京：高等教育出版社，2020.

[4] 王斌会. 计量经济学模型及 Python 应用[M]. 广州：暨南大学出版社，2021.

[5] 王斌会，王术. Python 数据分析基础教程—数据可视化[M]. 2 版. 北京：电子工业出版社，2021.

[6] 王斌会，王术. Python 数据挖掘方法及应用[M]. 北京：电子工业出版社，2019.

[7] 吴国富，安万福，刘景海. 实用数据分析方法[M]. 北京：中国统计出版社，1992.

[8] 唐启义，冯明光. 实用统计分析及其 DPS 数据处理系统[M]. 北京：科学出版社，2002.

[9] McKinney W. 利用 Python 进行数据分析[M]. 徐敬一译. 北京：机械工业出版社，2014.

[10] 张良均，王路，谭立云，等. Python 数据分析与挖掘实战[M]. 北京：机械工业出版社，2016.

[11] （意）法比奥·内利. Python 数据分析实战[M]. 杜春晓译. 北京：人民邮电出版社，2016.

[12] 吴喜之. Python——统计人的视角[M]. 北京：中国人民大学出版社，2015.